U0085745

十年前初識Anna，一起拍攝《少年PI的奇幻漂流》的時候，
她還是一位美術部門的年輕助理。

没想到不出十年她的發展這麼快，這麼大，非常為她驕傲。
很高興看到她把這些珍貴特殊的經驗出書分享給大家，
非常值得品味。

——Ang Lee 李安

★★★★★

Anna Lee

五星級廚餘

ONE

投一百封履歷

TWO

Getting Personal

THREE

飲食邪教大本營

FOUR

好萊塢好棒棒？

序

PROLOGUE

序是讀者最先看的，卻是作者最後寫的，一種電影預告片的概念。

快速的給大家前情提要：本書絕對不只是本食譜，也不是餐飲日誌，若要更精確的定義，我覺得這是一本「八卦飲食文學」。你讀這本書的時候，我希望你覺得我是那個蹲在公園涼亭，在夏天晚上和你一起吃鹹酥雞的朋友，聊的都是一堆不三不四、雞毛蒜皮的喇賽人生，這個感覺就沒錯了。我在洛杉磯的工作是一位上流社會的私人廚師，同時也是好萊塢片廠的「食物造型師」（又名食物設計師、食品美術）。這個行業太冷門了，連個職稱都無法官方統一。這本書收錄的，就是我去好萊塢追夢成功的血淚史。書寫了十年，寫那麼久一方面是因為說自己的故事是一件很自戀的事情，有時候我無法一直自我陶醉，好好地去完成說書人的工作；二來則是因為滲透好萊塢金字塔頂端的人生，需要花下大把青春才能得道，根本深入臥底的任務來著。但十年過後，修成正果，從北投到好萊塢最短的距離，就等於《五星級廚餘》。

我不喜歡落落長的作者序，讓我想到每次看奧斯卡頒獎典禮轉播，得獎明星花了所有的時間在謝天謝地，但總是會有一個人，拿了獎，說一句幽默的笑話，率性地下台一鞠躬。觀眾還是比較喜歡這種爽快的人吧！我一直都立志要當這種爽快的人。追夢這件事，勇氣只是去夜店三百塊的入場費而已，剩下還需要什麼？準備好看我上菜！

SCENE

投一百封履歷

TAKE

ONE

投一百封履歷

你這輩子投過幾封履歷？這篇一百封履歷的故事有點長，畢竟事情是這樣子的，作夢聽起來很浪漫，但如果你想要美夢成真，很遺憾，跟浪漫一點都扯不上邊。這個故事可以說是我完全不藏私，和你分享如何在好萊塢成為一位食物造型師的心路歷程，而這段路，真的，很他媽漫長。

我是台灣藝術大學電影系畢業。當初唸電影是因為喜歡看電影，喜歡欣賞各種形式的藝術，也喜歡說故事、聽故事。當時電影系的訓練是從編導、攝影、製片三大領域下手，對剪接與收音有興趣的學生，或許可以自己找學長姊見習，但其他職位一併歸在「次要」類別，沒有課程教你怎麼做美術或是道具，更不會有妝髮造型等訓練。

要完成一部電影，小型國片的工作人員可能有百餘人，大型好萊塢製作團隊可達上千，電影工業裡頭的職位千百種，學校當然沒辦法全部包含。畢業後我也就是從學校有教的編劇、導演、攝影、製片甚至剪接這些職業嘗試做起。被交付的任務當然也都做到了，但沒多久就覺得卡關倦怠，看不到人生未來，總是想換工作。老一輩的人說這樣是草莓族，我完全不同意！說到工作，我覺得這世上只有兩個可以接受的情況：一個是做自己喜歡的工作，可能沒有很好的薪水，當然可以賺大錢更好，可是沒賺大錢也是 OK 的；另外一個是做自己沒有熱忱的工作，但是薪水穩定，有足夠的盤纏能夠旅遊、培養興趣，或是用來血拚調劑身心也好。最不理想的情況就是，做自己不喜歡的工作，沒日沒夜地賣命，還沒辦法存到錢。這時候沒什麼好說的，就離職吧！這跟是不是草莓族沒有關係。

我天生就是選擇前者，想追夢，不在乎麵包的那類。但同時我又是個很好強的人，要做一件事就想把它做到好。那要怎麼把事情做好？當然是要像那些日本節目介紹的職人——用一輩子去專精一個技藝。我意識到「時間」是一個人最重要的資產，如果一直換工作，是沒辦法累積資歷或是實力的。當你沒辦法累積，等於一輩子都陷入菜鳥迴圈，明明有梯子可以爬卻放著不用，老是踮腳想去抓取高處的東西，是很徒勞無功的舉動。於是我開始問自己一個最重要的問題：「什麼事情是你不知不覺喜歡了一輩子都沒變的？」這個問題改變了我日後所有的人生抉擇。

我的答案並不是電影，也不是藝術。

畢業後的某一天，我突然感到沮喪，因為不知道在職場規畫上究竟要何去何從。我開始打掃家裡，先掃了廚房，再收拾廁所，最後整理到客廳，忽然驚覺自己的書櫃，沒有小說，沒有漫畫，每一本藏書都是食譜。仔細一看，最古老的食譜甚至是從小學三年級就買的！

這一切要追溯到我小學一、二年級的時候，每個學期班導師都會策畫一個期末同樂會，鼓勵同學與家長帶一些零食點心來分享。有個週末，我看到媽媽讀的假日版晚報上有附食譜，那篇報導的標題是〈小朋友也可以動手做的簡單點心〉。我一看到馬上跟我媽說：「麻！同樂會我可以做這個帶去學校！」媽媽剪了報導給我，在廚房裡給我一些指導。我還記得那篇文章分享了三個食譜：一是妞妞珍珠圓加蜂蜜檸檬汁的「無酒精雞尾酒」，另一個是草莓果醬與香蕉甜壽司，還有牙籤海苔肉鬆吐司捲。現在講起這些食譜依然歷歷在目。可想而知，一個七、八歲的小孩在同樂會帶這些好料去學校，馬上把那些去超商買洋芋片與巧克力的同學打爆！從此之後，每個學期末的同樂會變成我最期待的活動、我個人的廚藝舞台，可以向眾人炫技，滿足了我當時小小的虛榮心。之後每過一陣子，媽媽都會剪報，或是帶我去書局買食譜。當初買書也沒多想，只是覺得圖片好看、好吃，想要知道怎麼做就買了，不知不覺十幾年下來，才發現自己的收藏真的很可觀。

如果我可以從小學一年級就愛同一件事，誰說我無法繼續愛到三十、四十、五十歲？把這些年全部都用來愛做菜這件事，那我肯定可以變成「達人」了吧！當時待業的我確認這個理念無誤。

翻閱我的食譜收藏，除了重新確立我的興趣之外，還有另一個令人驚喜的發現——一本我已經收藏超過十年的食譜，蕭維政所寫的《秋冬風義大利麵》。他在短短的自介中寫到：「人稱老蕭，有間餐廳，曾做過楊德昌的副導，現職是廣告食品美術。」

當時對「食品美術」這陌生名詞充滿好奇，上網 google 也不知道要怎麼找起，關鍵字就打了「老蕭」、「食品美術」，資料少得可憐，只撈到了一篇老蕭的助理跟他去拍肯德基廣告時寫的一篇日記。接著誤打誤撞又被我找到一篇香港雜誌的文章，裡頭第一次正式看到英文的「Food Stylist」（食物造型師）這個職稱。有了英文關鍵字，稍微能找到多一點資訊，越看越發現這就我夢寐以求的工作啊！既能學以致用，在拍片現場拋心拋肝，又能在美麗食物中徜徉。至於那些奸詐狡猾、可以讓食物乖乖聽話的技倆，我更希望能全都給它學起來。我不認識老蕭，但是他的書真是改變了我一生，有時我覺得似乎應該親自寫信去謝謝他。

老蕭，謝謝你！

我經由電影系學姊小哞的介紹，得知老蕭已經半退休，大部分案源都交給助理仰雯接手。仰雯是個熱情又溫暖的大姊，很樂意讓我跟著她去片場見習；但礙於台灣市場對於食品美術的需求並不大，仰雯其實不缺助理。接著我進入旅遊生活頻道製作的《瘋台灣》團隊，後來又輾轉加入李安導演的《少年 Pi 的奇幻漂流》美術組，一度看似離我想要成為一位食物造型師的目標越來越遠，其實不然。

在《瘋台灣》的時光，我是一位執行製作，「執行」的工作基本上就是設計一整集節目的走向：從安排腳本，找景點，搜尋有趣的受訪者，安排交通食宿，最後完成初剪配音等，工作內容五花八門。

《瘋台灣》是著名的雙語旅遊節目，旅遊基本上就是吃、喝、玩、樂四大元素。把這些元素按照比例填進腳本，再加上活潑親民的女主持人 Janet，節目自然精采好看。身為一個食物愛好者，如果由我負責腳本，通常就會偏向「吃與喝」大過於「玩與樂」，好忠於自己對食物的熱情。其中有兩集我製作的節目後來還有被提名亞洲電視大獎。

有了《瘋台灣》的工作經驗之後，當《少年 Pi 的奇幻漂流》在台尋找能講雙語、懂執行製作、可以安排協調該劇美術指導，並協助南台灣勘景的工作人員，我就順利無縫接軌正式進入「Pi」劇組。剛開始工作時，雖然知道我的職位與食品美術並不相關，但我逢人就宣傳自己有朝一日要成為一位食物造型師的夢想。其實我在劇組主要的工作都是幫美術組處理瑣事，蒐集資料，協調美國人與台灣廠商之間的溝通事宜。不過另一個對我以及所有人都很重要的任務，就是吃午餐！美術組的工作人員不僅挑食，也喜歡嚐鮮。我當時用策畫《瘋台灣》的執行精神，集結了全台中的餐廳名單，每天美術組要吃飯時，就像皇上點菜任君挑選，而且一定要把辦公室弄得像辦桌一樣，摺疊桌拼起來，塑膠桌巾包下去，滿滿的自助餐排場超誇張。即使距離想做的事情很遙遠，但處理食物是每天最能讓我開心的事。

後來劇組總算輪到要拍食物戲的場次，當時美術組的老闆知道我很想學做食物造型，竟然超有義氣地讓我去現場與道具組學做食物道具。老闆跟同事對我說：「不去不行！這是妳來這裡唯一的期待！」我默默眼中泛淚，有一種全世界的人都來幫助自己的感動。

我終於第一次在好萊塢電影裡頭做食物造型，那是一種無法回頭的體驗：即使只是小小的一場食物戲，動輒五、六個部門互相協調，每個人都只負責做好一件事。雖然我是一枚極小的螺絲，但這樣重視專業的工作環境讓我無比嚮往。電影殺青後，我大概花了一個月的時間，考了托福，申請廚藝學校，跨國搬家，拿著一張學生簽證前往洛杉磯。

在加州的第一份工作經歷了漫長的等待。即使我在台灣已經有幾年的工作經驗，出國之後還是一切歸零，語言、文化上也有很多要調適的地方。好在當時我有一個國中閨蜜珍妮佛，跟我幾乎同時一起跨國搬家，兩個人一起在異鄉比一個人容易許多。我當時廚藝學校的課表是比照業界廚房的班表，白天很早就要上學，下課之後一邊丟履歷，製造出一種我隨時可以上班的假象。同時我藉著煮飯紓壓，把珍妮佛當成我的實驗品。

癱在沙發上投履歷的日子，一等就是半年。這段時間，我鑽研了全美所有食物造型師的網站，有一個人讓我特別印象深刻。這個來自紐約、現居芝加哥的食物造型師威廉・史密斯（William Smith）在他網站的自我介紹裡頭這樣寫著：「以前我不知道食物造型是什麼，我只知道看到漂亮的美食雜誌，心裡總是想：這照片背後肯定有一種人專門把食物弄得漂漂亮亮吧？於是我寫了一百封信給全國各大美食雜誌，詢問這些幕後推手的連絡方式。一百封之中有兩封回覆我，其中一封給了我一份工作。」[1]

這個造型師的網站給了我很大的鼓勵，他是一個土生土長的美國人，連他都這麼拚了，就算我處處碰壁也沒什麼好驚訝的。我修正自己投履歷的方式，一開始我都是以 assistant（助理）這樣的職稱來寫信，後來我改成 internship（實習），強調只要肯讓我見習，沒有薪水也無所謂。果然一改口，原本乏人問津的履歷瞬間得到了幾個回覆：有些造型師只是口頭上說會連絡我（後來也沒有真的發生），有些造型師則是給了我一些職場上的建議，並不是真的工作機會，而有些造型師真的給了我工作！但這又是另外一個故事了。除了寫信給造型師之外，我也寫信給不少食物攝影師，為他們提供免費的造型服務，這樣一來我們兩個都可以增加作品，也可以拓展人脈。有些攝影師跟那時的我一樣是個菜鳥，後來我們都因為這些作品集招攬到更多的客戶。我同時在附近餐廳找了烘焙助理的工作，以及尋求當私人廚師的工作機會，這背後有更多更多的故事可以分享……

這些年在異鄉，我學到最重要的一課是：有夢想很棒，但你願不願意為了支持夢想，無所不用其極地做一些看似沒有直接相關的工作？

有些工作是為了付房租，有些工作是學經驗，但沒有哪一條路是清晰易懂的。

在美國快十年，我投出的履歷早已數不清，百分之九十來自自己的努力，加上一點點《少年 Pi 的奇幻漂流》時期累積的人脈，至今得以經濟獨立，也拿得出一堆可說嘴的成就了！最後我想總結，如果照威廉・史密斯的說法，需要寄出一百封履歷才能達到夢想，又或者應該說，「只要」寄出一百封履歷就能達到夢想，那就這麼做吧！

註 1 翻譯節錄自 www.wsfoodstyle.com

五星級同樂會點心

·妞妞珍珠圓雞尾酒

這項飲品對小時候的我來說是個十分「時髦」的飲料，尤其是倒進透明酒杯中，搖晃搖晃著妞妞小珍珠，是裝大人的必備道具！冷泡過後的綠茶去掉了苦澀，咖啡因的含量也大幅降低，老少咸宜。

2 人份

妞妞珍珠圓 1 罐：把糖水與小珍珠圓分開

蜂蜜 1/4 杯 *

檸檬汁 1/4 杯

綠茶葉 10 公克

冷開水 500 毫升

先做冷泡綠茶，把茶葉沖入冷水，放置冰箱冷泡 4 小時。

將檸檬汁與蜂蜜攪拌均勻，即為酸酸甜甜的濃縮果汁。

拿一個調酒專用的雪克杯，放入 1/2 杯的冰塊，1 杯無糖冷泡綠茶，1/4 杯的蜂蜜檸檬濃縮汁，搖晃均勻。

給小朋友喝的若想要更甜一點，再加入 2 大匙預先保留的妞妞糖水。

選兩個漂亮的酒杯，杯底各放一半的妞妞珍珠，再將搖好的飲品過濾倒入，即可享用。

* 本書食譜所使用皆為國際通用量杯（220 公克）

·草莓香蕉甜壽司

這就是小朋友夢寐以求的課後點心！做法簡單又療癒，只需要三樣材料，想要與孩子一起下廚的家長一定要試試看！

4 人份

白吐司 4 片：切邊

草莓果醬 4 大匙

香蕉 1/2 根：縱切成長條狀並均分為四等分

使用擀麵棍將切邊吐司的空氣用力擀出來，蓬鬆的吐司最後會變成一張扁扁的吐司餅。

在桌面鋪一張保鮮膜，擺上吐司餅。在吐司餅上均勻塗抹薄薄一層草莓果醬，選一邊放上切好的香蕉條。

從放了香蕉的那一邊開始將吐司捲緊，像捲壽司一樣，捲好以後用保鮮膜包緊固定。

放冰箱定型至少 30 分鐘。可以前一天晚上先做好，想吃的時候再取出切成一口大小的薄片。

·海苔肉鬆小鹹點

吐司夾肉鬆看似無聊的組合，花一點心思處理竟然可以變得有點時尚？鹹香酥脆的肉鬆搭配微甜的美乃滋，提供吃肉鬆時一定要先解鎖的乾濕平衡（看看人家肉鬆與白粥是多麼完美的姻緣）。再來海苔一定要元本山，除了鮮，還有最重要的一味叫做童年。

4 人份

白吐司 4 片：切邊

元本山海苔 8-12 片

日式美乃滋 4 大匙

肉鬆 1/2 杯

牙籤 8-12 支

使用擀麵棍將切邊吐司的空氣用力擀出來，蓬鬆的吐司最後會變成一張扁扁的吐司餅。

配合海苔的大小，將吐司餅切成相符的長條狀，每一片吐司餅大約可以切 2 至 3 條。

將海苔鋪在最底層，疊一條吐司餅，均勻塗抹美乃滋，最後灑上適量肉鬆。

任選一端開始捲，紮紮實實地捲成圓柱狀，再用 1 至 2 支牙籤固定收口處。室溫享用最美味。

扮家家酒

有天一個客戶說：「我想要吃一桌妳從小吃到大的料理。」他的一句話讓我掉入回憶跑馬燈⋯⋯

我很小的時候就對廚藝感興趣。開頭那篇〈投一百封履歷〉提到我第一次下廚的經驗——小學一年級的同樂會——雖然當時是媽媽幫我剪下報紙的食譜，但真正讓我開始對下廚有更深一層尊敬，是爸爸說過的一個故事。

我從來就不認識我的爺爺奶奶，爸爸說他們在他很小的時候就過世了。爸爸與他的兄弟姊妹從小在孤兒院長大，聽爸爸說，孤兒院的生活跟學校生活很類似，採值日生制度，打掃、洗衣、煮飯，各自有各自的職責，每個人都要盡一份心力。爸爸說他不喜歡打掃也不喜歡洗衣服，就喜歡看別人煮飯，於是他自願去廚房幫忙，從洗菜切菜開始學起，看久了也學了幾招基本的烹飪知識。有時候菜不夠吃，爸爸會用巧思把前天晚餐用剩的食材，想辦法變出新花樣，鹹粥、碎肉鑲豆腐皮、家常紅燒或是小炒，都是爸爸喜歡清冰箱做的料理。

我很喜歡吃我爸做的菜，即使這些菜特別重鹹；不管做什麼，我爸總是喜歡比別人多加一點醬油，多放一點鹽。他說以前就是靠這些下飯的調味，讓孤兒院的小朋友多吃幾碗飯的。當然媽媽會唸養生經，但小時候的我沒在養生，就是覺得爸爸做的菜比較好吃。聽了爸爸的故事之後，我內心特別嚮往這種「早熟」情懷——有些小孩喜歡試穿大人的衣服、試用媽媽的化妝品，我則是希望小小年紀就擁有像爸爸那樣能照顧別人的超能力。對我來說，這種在廚房「裝大人」的活動，才是我理想的扮家家酒。

爸爸媽媽都是朝九晚五的上班族，每天早出晚歸，我們全家人很少一起坐在餐桌上用餐。說來好笑，我家其實連張可以吃飯的桌子都沒有！倒不是我們生活有多麼困苦，主要是因為爸媽工作忙，我跟姊姊又是兩個很沒用的小兔崽子，只會製造髒亂不會收拾，讓家裡的餐桌經年累月堆滿了雜物。我通常放學都直接去附近的阿姨家搭伙，就算在自己家裡吃飯，也是飯菜裝到各自碗裡，坐客廳或房間裡吃一吃算了。印象中坐在餐桌上的時光，都是在別人家才有的體驗。

爸爸媽媽辛苦工作，存了一筆錢。從我國中、高中開始，他們注重培養我的雙語能力，幫我報名暑期遊學課程，通常都是去加拿大或英國，一次四到五個星期的時間，讓我在國外生活學英文。那些在國外生活的日子，正式開啟我進廚房的篇章。因為想吃家鄉的食物，也想跟外國學生交流，我開始在廚房裡摸索，起初也是亂搞一通，連馬鈴薯皮都不會削，還被國外同學譏笑，說我這樣的廚藝應該是嫁不出去了吧！

我是沒放在心上，因為我一直想到爸爸跟我說的孤兒院的故事，就覺得十分驕傲，不論好吃與否，我總算可以下廚餵飽自己（和可憐的同學）！可以說是自我感覺非常良好，完全不在乎別人覺得好不好吃。後來上了大學，長年在外租屋，下廚對我來說變得更重要。除了省錢，三不五時辦個小聚會，大家一起喝酒打屁，是大學生最愜意的活動。簡陋的廚房也無法阻擋我做菜的興致，大部分的時候我只有一個電磁爐，還要去廁所洗菜，但畢業之前我的廚藝已不知不覺進步許多，開始得到像是「好賢慧，可以嫁了」這樣的評語。在這裡我沒有要開啟討論「為何會做菜的女人就應該要嫁人」這個話題，但特地呼籲一下所有會做菜、愛做菜的女生：妳的超能力不要輕易分享給不配得到的男生呦（離題）！

在美國做私人廚師，我有個最喜歡的客戶 S 先生。S 先生經常在亞洲出差，非常熱愛亞洲食物，什麼料理都肯嘗試，不過當我提議要做亞洲食物，也只有他當我的啦啦隊。礙於太太跟女兒比較喜歡西式料理，通常還是以她們的喜好為主。每次被打槍，我跟他都覺得很悶。有一天我在廚房做菜，S 先生興奮地跑來跟我說：「下星期我老婆終於要出差了！」我心想，欸，太太要出遠門這麼興奮對嗎？不要給我找麻煩，帶來不必要的誤會（大笑）！

S 先生說：「妳終於可以做一些超級道地的台灣料理了，我想要點餐！」

聽了我也開始興奮起來，拿起筆記本：「好！來點餐！」

S 先生說：「我想要吃一桌妳從小吃到大的料理。」

我從小吃到大的料理，若要完全忠於歷史，那就是：爸爸做的碎肉鑲油豆包、媽媽做的蒜香吻仔魚、樓下自助餐阿姨的番茄炒蛋、靠近二二八公園一間歇業老店的香干肉絲，以及為了均衡飲食不管在哪吃飯一定會來一盤蒜蓉炒青菜。家常菜的魅力在於雖然上不了檯面，依然在每個人心中佔了無法動搖的地位。儘管客戶說想吃吃看我的童年回憶，我最後還是將菜單稍做修改，混搭了我所了解的美國口味，妝點一絲絲的童年回憶。

美國人其實不是很熱愛豆類製品，所以我把所有的豆腐菜色都刪去了。此外，美國人除了早餐之外的時間是不吃蛋的，所以我特地把番茄炒蛋放進菜單，挑戰一下他的舒適圈。晚餐菜單的最後定案與思考邏輯如下：

- 蒜拍黃瓜（冷菜聯想成沙拉，接受度高）
- 番茄炒蛋（忠於童年回憶，挑戰舒適圈）
- 蔥燒子排（排骨上得了檯面，酸甜討喜）
- 炒空心菜（忠於童年回憶，卻也不難接受）
- 黃金香腸蛋炒飯（老外愛醬油炒飯，但清爽無醬油版本才是家常的精髓！）

晚餐果然如我所料，番茄炒蛋的接受度最低！

「很有意思……」這是 S 先生給番茄炒蛋的評語，意思就是不難吃但是我也不會想要再吃一次。炒飯與排骨的評價最高，也都在我的預料之中。這頓晚餐讓我回到以前做菜當玩耍的時期，無論評價是「可以嫁人」還是「嫁不出去」，準備這頓晚餐的過程，依然是我在洛杉磯做私廚的時光，最回甘的記憶。

金蘭食品
中華民國108年6月13日
13
星期四

從小吃到大的記憶味道

·爸爸的肉鑲油豆腐

這個食譜是我爸透過越洋電話，一個個步驟唸給我抄的。雖然屬我家餐桌的家常菜，但爸爸備料程度之龜毛，絕對可以晉升至功夫菜的領域了！所有材料都要分開乾炒、放涼，並且耐心切細切末才是重點。因為費工，爸爸喜歡挑週末一次做一大鍋，部分現吃，部分冷凍起來慢慢享用。近年爸爸改吃海鮮素，他說用 beyond meat（未來肉）[2] 取代豬絞肉仍然很美味喔！

肉餡

正方形油豆腐 25-30 個：頂部稍微切開但不切斷，將內部豆腐取出，小心別挖得太貼豆腐皮，兩者皆置旁備用

豬絞肉 600 公克（1 台斤），肥瘦比例 1:4：請肉販把肉絞兩遍，絞到超細

乾香菇 10 朵（約 1 杯）：用清水 2 杯泡軟後切細末，保留泡菇水

荸薺 10 顆（約 1 杯）：去頭尾，削皮並切細末

紅蔥頭酥 1/4 杯：切細末

蝦米 1/2 杯：用清水 2 杯泡軟後切細末，保留泡蝦米水

肉餡調味料

醬油 3 大匙

香油 1 大匙

米酒 1 大匙

蠔油 1 大匙

薑泥 1 小匙

鹽 1/2 小匙

白胡椒粉 1/4 小匙

紅燒煮汁

泡香菇水 2 杯	鹽 1 小匙
泡蝦米水 2 杯	紅蔥頭酥 1/2 杯
雞高湯或清水 2-3 杯	薑片 5 片
醬油 2 大匙	
老抽 1 大匙	

取一小碗，倒入所有肉餡調味料拌勻。

在平底鍋裡倒入少許油，放入切碎的蝦米與香菇一同炒香 3 到 5 分鐘，放涼備用。

取一大碗，放入絞肉、炒香的蝦米與香菇、切碎的荸薺與紅蔥頭酥、挖出來的豆腐和所有調味料，仔細拌勻成餡，送進冰箱靜置 30 分鐘。

將肉餡填入挖空的油豆腐皮。油豆腐很有彈性，可以盡量塞滿餡料，塞好之後蓋上頂部小蓋子收口。

取一大湯鍋，倒入紅燒煮汁的材料煮滾。

放入油豆腐，蓋上鍋蓋，轉中小火煮 90 分鐘。油豆腐久燉之後外皮會出現明顯皺紋，代表已經徹底入味，即可盛出。

紅燒煮汁可以拿來煮湯麵，或是加個滷包和其他食材進去，做成滷味。

註 2 Beyond meat（未來肉）是用植物性蛋白質做的合成肉品。

·媽媽的蒜香吻仔魚

這是媽媽的拿手菜，但我很調皮地改了幾個做法。一開始是因為美國這邊買不太到新鮮的吻仔魚，儘管是華人超市也只有賣冷凍需要自行退冰的版本。退冰之後的吻仔魚很會出水，口感湯湯水水的實在很倒胃。結果我誤打誤撞發現，如果我耐心地將冷凍吻仔魚的水分全部煮乾，竟然會變成酥脆又帶紅燒味的魚酥，放在飯上冷熱皆宜，從冰箱直接拿出來配熱白飯也完全風味不減，百搭程度簡直就是海底滷肉飯來著！

材料

吻仔魚 600 公克（1 台斤）
薑 2 大匙：切細末
新鮮紅蔥頭 4 大匙：切細末
紅辣椒 1 支：去蒂去籽並切粗末
蒜頭 8 瓣：切細末
麻油 2 大匙
葡萄籽油 1 大匙
醬油 1.5 大匙
老抽 1 大匙
米酒 1 大匙
白醋 1 茶匙
鹽和白胡椒粉適量
蔥 5 支：切成細蔥花

一定要使用不沾鍋，鍋熱之後倒入麻油與葡萄籽油，加入薑末、紅蔥頭、辣椒，大火爆香 30 秒。

加入吻仔魚續炒 3 分鐘，再加入米酒拌炒到酒精揮發。

接著放入醬油、老抽、白醋、適量的鹽與白胡椒，持續大火翻炒，直到不見湯汁。收汁的時間要根據吻仔魚狀態自行斟酌，新鮮的吻仔魚可能收個 10 分鐘就好，解凍的可能需要收 20 分鐘以上。

收汁成功的吻仔魚會在鍋底彈跳，發出嗶嗶啵啵的爆米花聲響，部分的魚也開始轉為金黃色，這時才加入蒜末與蔥花。

炒吻仔魚需要有耐心。你可能會有一度覺得應該炒好了，或是害怕顏色越來越焦黑，千萬別猶豫，繼續不斷翻炒直到魚身的水分完全消失，所有的魚兒都呈現金黃色、半煎半炸的酥鬆質感，才算大功告成！

拿手好菜

全世界的廚師應該都很習慣被問這個問題：「你最拿手／熱愛的料理是什麼？」

這個問題看似簡單，實際上非常難回答，其複雜程度有點類似請一個音樂製作人說出全世界最喜歡的一首歌，問一位電影導演此生最愛的一部片，或是強迫作家失火了只能帶走書櫃上的一本書，絕非三言兩語就能給出答案。我最愛「做」的料理是手工義大利餃，最愛「吃」的料理是眷村菜與泰國菜，但我最「拿手」的食物是健康取向的現代無國界料理。在這些分類之中，我又可以輕易地列出排名前三、前十、甚至前一百名個人清單。

但這個問題確實讓我陷入思考——我的料裡究竟是什麼風格呢？「風格」兩字對我來說不只是定義料理的文化與地域之別，一個人掌廚的手法與信念，對於酸甜苦辣的偏好，甚至是氣味的運用，對於食器的執著，今年我入行第十年，加上業餘在廚房玩耍的時光又是另一個十年，二十年的時間，仍然對自己的料理風格知之甚少。

可以確定的是，我在烹調手法上一直都走「強勢中帶有一抹溫柔」的路線，除了少數需要小火慢燉的湯品與肉類之外，無論中西料理我都喜歡以大火對待。我尤其喜歡食材入鍋先不翻動，接著再大幅縮短烹調時間，求的是先讓食材一面徹底金黃，另一面依然維持爽口。大火烹調有一點要注意的，那就是辛香料容易燒焦變苦。坊間食譜建議加入辛香料的順序與時間，我通常都會延後或是縮短烹調。每個人都有去燒烤店吃飯的經驗，服務生上肉品的時候總是會給予建議，一面烤一分鐘，但讓我操刀的話則會單面一分四十五秒，翻面後十秒，僅僅是刷過烤盤而已；不翻面的四十五秒與最後省下的五秒鐘，會讓你獲得一面金黃焦脆，另一面軟嫩多汁的成果。許多人沒有耐性，做菜不夠有魄力，會不斷地想去翻弄烤架上的肉片，幸運的話可以獲得軟嫩的一塊肉，但這樣的肉片會特別容易沾黏在烤架上，也總是缺了一味炭烤的焦香。

除了下重火之外，我對調味也是相當強勢。調味這件事，我的理論是：「當你覺得差不多的時候，那就再多加一點點。」有些菜餚根據食材烹調的時間需要依序下鍋，如果不趕時間，每下一個食材我就會調味一次。以義大利紅肉醬來說，洋蔥與蒜末通常會先下鍋炒香，這時候我就會先下少量的鹽與胡椒調味，接著若是放了芹菜和胡蘿蔔丁，我會再下少量的鹽與胡椒；絞肉、高湯、番茄醬汁依序加入鍋中，每一樣都得再一道調味手續，少量少量地層層堆疊，直到要起鍋前試吃，再決定使否需要錦上添花的最後一次調味。強勢的調味不代表成品就會重鹹， 而是讓你更能掌握平淡無味與人間美味之間那條虛虛實實的界線。

我還有一個習慣，某些廚師可能難以接受，那就是我不一定每次都會洗鍋。譬如剛剛煎了牛排的鍋子，鍋底還有一些殘留的牛油與香料，接著要做法式洋蔥湯，此時我會直接原鍋不洗，洋蔥放下去，算是借力煎完牛排的「鍋魂」，堆疊下一道菜更為複雜的基底。當然，前提是喝洋蔥湯的客人並非素食者，逼人開葷可就不好了。又或者像是在家簡單炒一盤青菜，有時略顯平淡，若是先前的鍋子拿來炒麵了，上頭還有一點剩餘的醬油麻油，這時與青菜中的水分結合，拌上鹽與蒜泥，會比清炒來得更有層次，還省了一道刷洗的手續，一舉兩得。

做菜沒有誰對誰錯，這些都是我個人慣用的手法。有些人或許追求軟嫩更大過於執著焦香，重視食物原味高於調味，或者根本也吃不出上一鍋的鍋魂帶給下一道菜怎樣的貢獻，無論如何，經過多年統整了各方舞藝之後，這正是我在廚房跳出的節奏。套一句我媽最愛說的，不吃拉倒。

許多年前我做了一桌菜，座上嘉賓是李安導演與他多年工作伙伴李良山先生。當時李安導演正在洛杉磯進行《少年 Pi 的奇幻漂流》後製工作，我知道他們的旅館距離任何像樣的台灣料理都有段距離，於是提議下班後就別吃外帶西餐了，來我家搭伙吧！以手做家常菜為誘因，也許是思鄉情怯，他們竟然答應了。我作夢都想不到，金獎導演竟然會出現在我家寒舍！導演特別想念水餃，於是我做了韭黃蝦仁水餃與榨菜干丁素煎餃兩種口味；韭黃蝦仁是我個人最愛的水餃口味，而榨菜干丁煎餃則是某天誤打誤撞研發出來的創意料理。除此之外我還做了三道自己從小到大最愛的家常菜——蒜拍小黃瓜、蒜香吻仔魚和番茄炒蛋，沒有一道是上得了檯面的功夫大菜，但每一道菜對我都是特別的兒時記憶。我當時的思考邏輯是，哪道大菜李安沒有嚐過？如果吃飯的場合是在我當時簡陋（並且溫馨）的小公寓，那這頓飯當然氣氛上就是要吃得家常才對味。

李安導演是個愛下廚並且也懂吃的男人，他稱讚了我的榨菜干丁煎餃，當晚甚至一盤吃完還加碼立刻再煮一盤。導演毫不吝嗇地對我擀的自製水餃皮給予指點，老實說，那次是我人生第一次擀水餃皮，擀得不盡理想我也就認了！對於當晚的其他童年小菜，導演一併以「特別」、「有趣」給予評論，不知道究竟是覺得好吃還是不好吃？但我相信，這頓發自內心的誠意菜單激發了當晚許多對話，直到現在依然受用，更讓我覺得有必要分享給不限媒材所有的創作者參考。

因為我的廚藝全是無師自通，導演分享了他對於「自學」的看法。記得他說，每當他在準備一部電影時，會盡量避免去看其他導演類似的作品。有些人覺得蒐集參考資料很重要，但他覺得看別人拍的電影難免會影響自己的創作過程，一旦心裡有個影像，很難不下意識地「模仿」到別人的風格。導演說他在那段期間會多唸文學、看畫或是去美術館走一遭，這些東西幫助他思考，但不會強勢地去引導他的風格。

這段話，又或者這個創作過程，一開始我並沒辦法完全參透，總覺得或許電影創作與廚藝無法相提並論吧？每當我想做一道從沒做過的菜餚，一定會先蒐集好幾個版本的食譜，接著再從這些食譜截長補短一番才開始製作。照這麼說來，我就只是在模仿別人的配方罷了。

我在廚房打混了二十年，難道沒辦法按照自己的直覺做出一道菜嗎？有了這樣的體悟，甚至有點像是一個自我挑戰，我開始練習部分或是全數捨棄食譜，尋找自己在廚房裡的「聲音」。這個過程並不是一夜之間，但經年累月之下我終於開始真正認識自己的實力所在。

有些廚師一生會有兩、三個啟蒙導師，無論是來自科班出身的訓練，或是在工作場合接受其他主廚的薰陶，有啟蒙導師或是高人指點都是很珍貴的過程。有人說「模仿是最大的致敬」，就像在寫書法的時候，基本工是先學會臨摹，或是第一次去找設計師剪頭髮時，你會想要附上雜誌找來的參考圖。但有時候我們對於短暫的成就已經感到心滿意足，忘了去尋找自己的特色，忘記去想像，拿掉輔助輪的腳踏車也可以繼續前行。李安導演的提點，對於我後來在食物造型或是書寫創作等需要更多創意思考的領域，就像是一劑定心丸，讓我養成習慣不參考其他人的作品。這麼做除了更專注於自己的獨特風格，也避開了許多藝術家們因為互相較量而引發自卑、不安全感等不健康的創作過程。

關於味蕾的直覺，我可以追溯的最早記憶是年幼時的一片白吐司。

白吐司是個營養價值零，卻讓人愛不釋手的食物，但我吃白吐司的方式常常讓我媽非常頭疼。首先我會把白吐司用手掌壓扁、對折，接著用手指再度確認，把每一個空隙都壓緊了，確定麵包的蓬鬆感完全消失之後，拿來沾牛奶吃。我媽問我是有事嗎？我向她解釋，鬆鬆軟軟的白麵包，一沾牛奶就全部像衛生紙一樣化開了，捏成紮實的吐司餅不但解決了這個問題，麵包多了嚼勁，吃起來還多了一股香甜。不顧老媽搖頭，小小年紀的我十分得意自己發明的創舉。

去年開始，我才比較有系統地記錄下這些沒有人教的食物怪癖，各種天馬行空的靈感很多時候只是一個意外，再加上一點想像力，沒有任何可循的創作過程，卻激發出無數令人興奮的成品。

某一天午餐我特別想吃糖醋雞球，但又很想吃總匯沙拉，無法選擇，於是兩個都買了。當時想說先吃雞，晚點再吃沙拉，結果把這兩道菜帶去上班的時候，可憐的同事瑪麗娜跟我說肚子餓沒有空出去買午餐，於是我決定把糖醋雞跟總匯沙拉各分一半給她吃。食物份量減半了，我只好把沙拉跟雞都在同一餐裡面吃完才有飽足感。總匯沙拉裡有剁碎的藍紋乳酪，因為藍紋乳酪的臭味非常濃郁，單吃沙拉臭得讓我無法招架，索性就把雞肉、米飯、沙拉跟乳酪全都混在一起吃。原本覺得這肯定是災難一場，沒想到卻意外地美味！又鹹又臭的藍紋替偏甜的雞球增加了味覺厚度，兌了米飯之後的藍紋也變得更容易入口，讓我靈光乍現想起了豆乳雞這道菜。豆腐乳，人稱亞洲藍紋，是亞洲人愛不釋手的味道，外國人卻敬謝不敏。我立刻構思了用藍紋乳酪醬來醃製雞肉的想法，裹薄粉之後酥炸，無論你來自哪一種飲食文化，接受度保證百分百，可說是因為一個佛心來著的意外，誕生了這個天作之合的無國界料理。

還有一次，我正在切一堆大蒜，客戶突然走來問我可不可以迅速幫她將一堆奇異果剖半。因為客戶的語氣有點急迫，我就拿手中剛切完大蒜的刀用水龍頭沖洗一下，直接去切這些奇異果。我後來自己吃了一顆奇異果，發現滿是蒜味，很糗。但奇妙的是……並不難吃欸耶！回家之後我開始構思大蒜與奇異果究竟能夠如何入菜，最後想到一款印度沾醬。印度料理有一種鹹味果醬，叫做印度芒果酸甜醬（mango chutney），是一款家喻戶曉、甜鹹辣皆宜的萬用抹醬。我馬上試做了奇異果蒜醬（kiwi chutney），美味又富含維生素與抗氧化物的萬用沾醬就此誕生！

就算不走創意路線，味蕾直覺依然管用。近日得到名導客戶亞伯拉罕一家最意外的表揚，不是什麼費工的創舉，反而是我自製的「壽司醬」。壽司店的沾醬不外乎醬油與綠芥末，剛好那天醬油用完了，我翻找冰箱挖到了一瓶和風柚子醬油，實驗性地將柚子醬油與綠芥末拌勻，嚐了一口覺得柚子的柑橘香精太搶戲，再次翻找冰箱，竟然找到芝麻醬。芝麻醬醇厚又帶甜，與日本料理相得益彰。就這樣，嗆辣的綠芥末、清香的柚子醬油加上內斂的芝麻醬，一個毫不起眼的清冰箱壽司沾醬獲得前所未有的掌聲！

或許每個人的創作過程不盡相同，李安導演的人生智慧，對我這二十年小心翼翼地照本宣科，走到現在終於擁有放下書本的自信心，才只是剛好而已。至於我那本寫著密密麻麻創意料理的筆記，不僅是試驗過的美味，每道菜背後還有一個小故事，一段私人的記憶，期待某天能夠將它們搬上大舞台。以廚藝來說，無論什麼樣的學藝背景，有些味道是直覺，不需要人教，天生就能欣賞的。只有忠於味蕾，才能不設限地創造出真正屬於自己風格的拿手好菜。

2. Bagels and Bread
On the Upper West Side
3. A Slice or a Scoop
Before the Train
4. Options Expand
Outside Grand Central
6. Candy, Candy
And More Candy

藍紋鹹酥雞

西式炸雞最令人想翻桌的地方就是手續繁多。雞肉要先抓醃，之後還得準備三個備料區，第一麵粉，第二蛋液，第三麵包粉，來回沾取的過程中，整個廚房弄得一團亂不說，洗碗又去了半條命。相較於歐美炸雞，日式或台式炸雞的作業手法就聰明許多，從頭到尾只洗一個碗，更廢一點的人甚至用個夾鏈袋，醃料灑粉一次來，用完直接丟垃圾桶完事。

我的炸雞醃料裡頭特別加了一點點烈酒，這是傳說中肯德雞的祖傳祕方。烈酒遇到高溫瞬間揮發的同時，會在麵衣中引發無數小爆炸，小爆炸定型之後則成了香酥掉渣一吃上癮的脆皮。註記一下這次的明星食材藍紋乳酪，認為藍紋實在有夠難聞而遲遲不敢嘗試的人，別怕，這款炸雞是藍紋幼幼班，敢吃臭豆腐的話一定是覺得不臭的。

4 人份

雞胸或雞腿肉 600 公克（1 台斤）：切成一口大小

藍紋乳酪 70 公克：略微切碎

紅蔥頭 2 顆：剝皮切四瓣

醬油膏 3 大匙

烈酒 2 大匙，可用高粱、伏特加、龍舌蘭等清淡的中性烈酒，但琴酒不適合

白胡椒粉 1/2 小匙

Tabasco 辣椒醬 1 大匙

地瓜粉 1/4 杯

低筋麵粉 1/4 杯

適合油炸的植物油適量

薄荷 1/2 杯（可省略）

鹽與白胡椒粉適量

使用果汁機將藍紋乳酪、紅蔥頭，醬油膏、烈酒、白胡椒、Tabasco 打成泥狀，和切好的雞丁抓醃一下，靜置 30 分鐘。

將地瓜粉與低筋麵粉混合，與醃好的雞丁來回翻拌，直到粉感完全不見，所有雞丁都裹上一層粉漿，靜置 5 到 10 分鐘回潮。

根據你家炸鍋的大小，倒入深度約 5 公分的植物油，加熱至攝氏 175 度（華氏 350 度）。將雞丁輕輕放入油鍋，記得肉塊之間要留些空間，油鍋內最忌諱過度擁擠。等待 3 到 5 分鐘後，雞丁呈現金黃色即可撈出，重複以上步驟直到所有雞丁都炸熟。

炸一次的雞丁已經很美味了，若想要酥脆更上一層樓，開大火將油溫加熱到攝氏 185 度（華氏 365 度），放入雞丁高溫回炸 1 分鐘，起鍋前可以順便炸些清爽解膩的薄荷葉，起鍋後灑上適量的鹽與白胡椒即可。

回家吃飯

我絕對是一個把「散步」過度浪漫化的人。

我認為最適合散步的時間是夏日晚上六到七點之間，太陽下山了但是天色還沒變暗，有一種明明是傍晚但還是有朝氣的奢侈感，氣溫不像白天那麼熱，隨便選幾條小路，可以聽到每一家人做菜的聲音，食材跳入熱鍋，鍋鏟敲打，瓷器與餐具互相碰撞。除了聲音之外，氣味才是犯規的樂趣，尤其在洛杉磯，在這段時間散步超有趣，可以聞到這家人用啤酒在燉牛肉，那家人煮印度咖哩，隔壁社區有人在泳池畔燒烤漢堡排，簡直就是偷窺狂的國際園遊餐會。

那段時間散步，感覺得到全世界的人都在為「回家吃飯」這件事做準備。世界上有兩種人，一種是可以回家吃飯的人，另一種是回家得自己找飯吃的人。我在洛杉磯的其中一個工作（私廚），就是到客戶家裡，準備一家人的晚餐。每一個廚師對於料理都有各自的見解與專長，對我來說，「回家吃飯」是做為一位私人廚師最重要的使命。

我的客戶從國際名導到片廠總裁，從訴訟律師到科技產業 CEO，與我接洽的通常是他們不擅廚事的太太。

挑食、美味、健康，同時又要低卡，是最基本的工作門檻。如何在諸多挑戰之下準備一家人的晚食，讓先生結束手邊工作，小孩放下手機與朋友的邀約，就為了回家坐在餐桌前面與媽媽一起吃一頓飯？你可能覺得這是很基本的家庭生活，然而對金字塔頂端的客戶來說，這種家常便飯，無價！

某些媽媽就是有這樣的超能力——每天煮出三菜一湯外加包午餐便當，炎熱夏天端出綠豆湯，寒流來襲煲香菇雞，過年過節還擺出兩桌招待親朋好友。但不是只有這些媽媽才值得家人心甘情願回家吃飯呀！每一種媽，每一家人的餐桌，有繁有簡，都是媽媽以能力所及，以餵飽家人之名，不知不覺行了凝聚家人之實。

從小到大，我覺得我媽比誰都忙碌，她除了朝八晚六上班之外，每天早上五點要起來打太極拳跟跳土風舞，週一和週四她下班要去上唱歌班，週二和週五上花藝課，週六週日到廟裡做義工，一刻都閒不下來。但記憶中每天的早中晚，沒有一餐她不幫我們準備好。我媽其實不擅長做飯，她通常都在巷口附近的麵店跟便當店買外帶，帶回家之後就煮個白飯再多炒一盤青菜，然後把那些便當盒裡的菜換到家裡的碗盤裡，製造出五菜一湯的假象。我還記得我小時候最興奮的就是她去樓下的自助餐店，外帶我最喜歡的菜色，番茄炒蛋啦，香干肉絲啦，芥藍牛肉等等。即使我們家不開伙，我們依然期待媽媽把菜放上桌的那一刻。與其在忙碌的工作之餘還下廚做菜逼死自己，然後用平庸的廚藝把家人從餐桌上嚇跑，不如外帶省事。現在想想，我媽真是聰明極了！

另外一個回憶就是國高中在學校吃午餐的時候，最能看到每個媽媽的手藝。有些同學的媽媽很會做菜，便當裡滿是媽媽的愛心。我還記得有一個同學雅雯，她媽媽的拿手菜是放了毛豆跟豆干丁的炒飯，非常平凡無奇的組合，但不知道為什麼她媽媽做的就是好好吃。每個星期這道菜會出現在她的便當盒裡一次，出現的時候大家都會搶著要嚐一口。我以前還有一個同學家境滿好的，她家也是不開伙，但是她的便當盒裡常常會出現前天晚上吃剩的王品牛排跟龍蝦、高級義大利麵，有一次還有鼎泰豐小籠包！媽媽給零用錢去買學校營養午餐的同學也是沒有輸，因為營養午餐通常都是由外燴廠商來做，炸排骨、滷雞腿，甚至是炸蝦都會出現在菜單上，自己帶便當的同學都會看著他們營養午餐流口水。外國的月亮比較圓，別人的便當看起來比較好吃，基本上就是國高中午餐時光的縮影。

晚餐時間，媽媽通常還沒下班，我跟姊姊都是去隔壁的阿姨家跟表姊表妹吃一起晚餐。印象中阿姨其實還算滿會做菜，但她用的食材大多不合我的胃口，我小時候很怕吃豬五花肉，也討厭木耳，但這兩樣食材幾乎每週都會上桌；我很愛吃青菜，阿姨家卻是嗜肉一族。我對小時候的晚餐時光其實沒什麼記憶，只記得希望大家能夠趕快吃完讓我下桌玩耍。反而是做了私人廚師之後才發現，對很多很多人來說，晚餐是很重要的家庭時光！一個人隻身在國外看似有點寂寞，但能夠用自己的手藝成就別人的家庭時光，對我來說是相當心滿意足的體驗。

我一開始接私人客戶的時候還抓不太到要領，搞不懂這些有錢人為什麼要請一個廚師到家裡，總覺得一定要給他們吃得搞工又奢華，不然花那麼多錢是何苦！後來才發現客戶點菜率最高的，都是基本到不行的家常菜。就算我真的很想把龍蝦加進通心粉裡，用蒸龍蝦的精華湯汁做一個絲滑柔順的起司醬，與手工義大利麵略拌後焗烤到金黃，最上面再給它灑上酥脆香草麵包碎，多半時候他們都會很有禮貌地婉拒：「聽起來真不錯，但小朋友可能還是比較喜歡傳統的通心粉。」

這中間碰了不少壁，好多次還在過菜單的階段就被打槍，一度覺得這工作真是沒有挑戰性，直到我跟打掃阿姨們聊天才終於明白。其中一位打掃阿姨瑪麗娜說：「以前小孩都會吵著要去外面買批薩、墨西哥菜或是中國菜，先生也都工作到很晚，公司會有助理幫他們買晚餐。現在知道家裡有好吃的東西吃了，沒事就會待在家，不會一天到晚想往外面跑。男主人如果在片場開會，下班比較晚，竟然寧願餓著肚子，半夜回家微波晚餐留下的剩菜。」

豁然開朗呀真是！我的工作職責原來跟我這輩子會喜歡煮飯的原因是一樣的——就只是用食物把人凝聚在餐桌前面這麼簡單。

我媽很早就參透這個道理，無論是拚老命自己做，請刀工華麗的專業人士（如我）來做，或是在巷口麵店包一袋回家，套句老美的說法：過程不重要，重要的是結果（It's all a means to an end.）。

現在自己住，通常晚上六到七點這段時間才剛結束煮飯的工作，餵飽了跟我沒有血緣相關的一家人，然後開車回家。我自己的餐桌相較之下就落寞許多。最近唯一能把我帶回餐桌的，就是上星期開了好遠的車去扛回家的冷凍韭黃蝦仁水餃，讓我每天下班都迫不及待飛奔回家煮水餃。很妙的是這間店叫 Mama Lu Dumpling House，姓盧的這位媽媽真是我在洛杉磯的衣食父母來著。

雅雯媽媽的毛豆豆干丁炒飯

雅雯媽跟很多媽媽一樣，做菜就是憑一股直覺、一個豪爽，要她把精確的材料份量寫下來實在太強人所難了。但雅雯媽特別提醒了兩件事，第一是醃牛肉絲不加太白粉，她說加了粉雖然肉質滑，但也不容易入味；第二就是雅雯媽不顧主流思想，認為炒飯不需要隔夜飯，只要手腳夠快，熱飯反而更容易炒散。雅雯媽不僅不用隔夜飯，她的炒飯連蛋都不加，真是超反骨的啦！我跟著這個配方炒了好幾次，儘管身邊親友好評不斷，但我心裡知道，我現炒出來的永遠敵不過她閉著眼睛隨便弄，還放在蒸飯箱熱了一上午的版本。

2 人份

葡萄籽油 3 大匙

洋蔥 1/4 顆：切丁

牛肉絲 200 公克

毛豆 1/2 杯：電鍋蒸 10 分鐘

豆干 4 片：切丁

白飯 2 小碗（吃飯用的碗）

醬油 1.5 大匙

鹽與白胡椒粉適量

蔥 2 支：切蔥花

牛肉醃料

醬油 1 大匙

糖 1/2 小匙

鹽少許

牛肉先用醃料拌勻，靜置 15 分鐘。

熱鍋之後放入 2 大匙的油，加入洋蔥丁，大火爆香 1 分鐘。 接著加入牛肉大火拌炒，炒到牛肉約九分熟，整鍋撈起備用。

原鍋（不洗鍋）加入 1 大匙的油，將蒸過的毛豆和豆干丁下鍋翻炒 3 分鐘，加入適量的鹽與白胡椒調味。

加入白飯、醬油、洋蔥與牛肉炒至均勻完熟，起鍋前加入蔥花，以及適量的鹽與白胡椒二次調味。

黑帶廚藝學院

如果你很認真想要朝餐飲事業發展，廚藝學校或許是個值得考慮的投資。我知道現在非常多年輕人都嚮往著出國去餐飲名校深造，世界各國都有許多優質的選擇；十年前的我也面臨類似的選擇困難症，當時藍帶廚藝學院紅透半邊天，十年後，我根據個人經驗寫下這篇給大家做個參考。名校是否一定出高徒？有時候正好相反。

去書店飲食文學區轉一圈，你一定會發現書架上放了幾本藍帶廚藝學院校友的著作，老實說，我也曾經照單全收，幻想著自己有朝一日可以體驗穿著整潔制服在美麗的廚房吶喊「Yes Chef」，與業界名廚切磋學藝等各種浪漫情節。這些優秀傑出的台灣藍帶校友，紮紮實實替母校打了廣告，要不是學費所費不貲，我當初也差點搭上順風車。

大家都知道藍帶創始於法國美食之都巴黎，最知名的校友就是國際名廚朱莉亞・柴爾德（Julia Child），許多後輩更因此慕名朝聖。如今藍帶分校遍布全球五洲，光在美國境內就有十七間分校，堪稱是全世界最大的廚藝集團。但藍帶的學費，呃，該怎麼委婉表達……簡直就是搶錢。藍帶的實際課程是九個月，結業之後還有餐廳實習學分必須達成，一般來說一年可以畢業，約莫台幣一百二十萬。花一百多萬去學做菜，畢業之後去餐廳上班領一個月兩萬三的薪水，請問，你要花十年來還學貸嗎？更不用說出國深造時還有食宿交通等費用要考量，難怪人稱藍帶為「貴族」學校。

由於無法負擔一年一百二十萬的學費，我找了一間留學代辦中心，詢問了其他較為「經濟實惠」的廚藝課程。代辦中心的小姐非常精明，推薦我考慮洛杉磯的社區大學（community college），最後相中洛杉磯貿易技術學院（Los Angeles Trade Tech College，簡稱 LATTC）。各位猜猜學費多少？這間技術學院的廚藝課程為期兩年，台幣四十萬，也就是說一年只要二十萬台幣，硬是比藍帶多了一倍的訓練時間，價格卻不到十分之一。我當初的想法是，既然沒有名校光環加持，只能靠自己的努力來彌補了。

社區大學究竟是怎樣的一個環境呢？不知道各位有沒有看過一部叫做《廢柴聯盟》的美劇，該劇專門在取笑上社區大學的廢柴。第一幕，校長在開學日對全體師生演講：「身為校長，有些智慧想與大家分享。你問什麼是社區大學？大家肯定聽了不少謠言，說我們是一群衰人帶賽、次等垃圾、智力缺陷、二十幾歲的中輟生、苦悶的中年離異者、痴呆的老不死。但千萬別太認真，這些都是流言蜚語啦！總而言之，新的一學期，祝大家好運！」開學前我特地追了這部劇，想說幫自己打個預防針，結果到了實際開學又是怎樣？我只能說……劇本寫得還滿中肯的。

我的社區大學位於洛杉磯市中心，一個治安不是很好的地區。剛開始上學時我還沒有買車，每天以公車通勤。從公車站牌走到校門口的路上，基本上就是遊民大本營，台灣的社會福利制度很好，很多人應該都無法想像遊民大本營是怎樣的光景：首先我要穿越一條馬路，上面是高架橋，下面則是流浪漢搭滿帳篷的臨時住所，在這走到學校短短五分鐘的路上到處是屎尿味。有天我正在等紅綠燈，一個遊民向我走來，直接褲子一拉蹲在我面前的十字路口「放屎」，當場看傻了眼。但路上車水馬龍，我依然得等到行人綠燈的號誌閃起才能脫身，著實人生最長的六十秒。走進校園之後，很明顯可以感受到一種「狐群狗黨」的氣氛，校園各個角落都是警察，不知道是來抓學生還是來保護學生的？

因為是技職學校，許多學生都是高中肄業、吊兒啷噹的年輕人，還有追求事業第二春的中年失婚男女，這些人因為要照顧小孩或是兼職，時常請假或是曠課，他們的共通點就是交作業進度總是落後。但跟我們勤儉耐操的亞洲人不一樣，老美總是大言不慚地隨意舉手發問打斷老師，儘管發問的內容老師早已複習過許多遍，這些沒來上課的學生依舊覺得自己的蠢問題與其他人同等重要。剛開始跟他們一起上課，我常常像妙麗一樣狂翻白眼，需要多做幾次深呼吸才不致於抓狂。如果說藍帶是貴族學校，我的學校絕對該改名成「黑帶」廚藝學院才是。

寫到這邊，似乎是藍帶加一，黑帶掛零，然而事實並不盡然。

我當初選擇就讀 LATTC，是因為它的廚藝課程廣受肯定。政府網站的各項調查結果都顯示，黑帶出來的學生，職場就業率遠高於藍帶；以課程安排來說，黑帶的訓練也更為紮實。依選修課程不同，黑帶廚藝學院提供二到四年完整大學體制，無論是基本廚藝、烘培、各種進階課程、造型蛋糕、餐飲管理，每一個專業科目都能讓學生有一整學期的時間反覆練習，直到熟能生巧為止。無論你再怎麼懶散翹課，四到六個月的時間來學一門科目絕對綽綽有餘。相較於藍帶學生必須在九個月內學會各種廚藝、烘焙、餐飲管理等知識，我個人覺得難免過於趕鴨上架，但許多人並沒有二到四年的時間可以出國進修，這時藍帶提供的短期密集課程或許更符合某些人的需求。最後論師資，藍帶的明星陣容教授時常在報章雜誌上獲得認可，但黑帶更注重資歷。我的三位主要教授都曾在五星級飯店擔任十年以上的主廚職位，其中一位更出版過不少食譜，可以說輸了陣但絕對不輸人。

我在黑帶廚藝學院總共研習了兩年的時間，入學時你必須先選擇自己的主科，經典廚藝或是專業烘焙二選一的結業時間是兩年，如果兩門主修都想精通的話就是三到四年。無論主修是什麼，許多基礎課程依然是每個人的必修。畢業於黑帶的學生，無論是揮鍋弄鏟、基礎刀工、烘焙概論，甚至比較艱澀的餐飲管理與食品衛生安全法，都必須達標。

我當初是選擇烘焙主修，所以除了比較簡單的家常烘焙單品之外，還必須學習精緻法式糕點、發酵麵團以及造型蛋糕等專業課程。在這兩年所受的訓練中，最實用的莫過於讓學生自己經營校園餐廳、麵包店以及移動式咖啡餐車。藍帶的學生畢業之前需要完成三個月的校外實習，黑帶並沒有這個規定，但每學期經營這些商店等同校外實習。譬如這學期修的是發酵麵包的課程，每天早上校園的麵包店就會下訂單，從早上六點半到十二點半這段時間，課堂學生必須根據訂單烤出一籃又一籃的新鮮麵包才能交差。這些麵包、蛋糕的銷售對象就是整個社區大學的學生。又或者這學期修的是餐飲管理，學生必須精通如何定價、叫貨、服務客人等等，每週三天，每天早晨六點半都得準時去學校「開店」，兩年下來是我認為最紮實的訓練。

在黑帶廚藝學院就學期間，同學素質參差不齊確實是個挑戰，但過了一個學期之後，我也成了兼差族，早出晚歸，開始同時在家裡附近的義大利餐廳「米羅與奧立佛」半工半讀。以前看不慣那些上課遲到、打瞌睡的人，瞬間自己也變成那樣了！我總算學會放下自己短淺的成見，恍然大悟，其實黑帶學院就是真實業界廚房的縮影。大部分的商業廚房裡面沒有人穿戴整齊乾淨的制服，當你在熬一大鐵鍋可以餵飽整間餐廳的番茄醬汁時，背景也不會響起悠揚的古典音樂。廚房裡面絕對不是充滿著人生勝利組，那些「狐群狗黨」最終變成你的同袍戰友，對於一項技藝的執著，想做出一盤好菜，同時被美食俘虜，才是

我們這些人的共通點！

拿藍帶和黑帶來做比較，我個人當然是力挺母校，但畢竟學多少東西還是看個人造化。一個好學的藍帶生，儘管只有一年的訓練，肯定可以打垮念了四年卻渾渾噩噩的黑帶生；但如果一個人是因為對下廚有某種浪漫憧憬而進藍帶就讀，必然沒辦法在真正的廚房久待。任何一個黑帶訓練過的學生，體能與耐力上都非常具有競爭力，這個結論其實不是我自己說的。

在「米羅與奧立佛」，我有一個藍帶同事。藍帶先生說當初與他一同畢業的同學裡，現在沒有一個還待在餐飲業，因為這些當初自認老饕的天之驕子，受了貴族學校的烹飪訓練，回家會做些讓親朋好友驚豔的拿手菜餚，不等於可以在水深火熱的廚房出人頭地。藍帶先生還說，他以為把名校寫進履歷裡，應徵工作應該會很吃香，沒想到多半僱主聽到是藍帶出身，先入為主就覺得天龍人一枚，敬謝不敏。這些主廚早就習慣無數藍帶校友實習一滿三個月就離職，所以不願意花時間來訓練這些短期員工。藍帶先生說他現在反而不會逢人就說自己師出名門，倒是我一開始總是覺得自己唸社區大學十分丟臉，但出乎我意料，各個餐廳大廚聽了總是興高采烈地說：「喔，高架橋下那間？我同事也是那裡出來的！」

近日美國藍帶的某間分校被校友提告廣告不實，因為校方宣稱藍帶的宗旨是為了訓練「主廚型」廚房領導人物，有百分之八十的校友都順利當上了「主廚」，而數據顯示校方口中所謂的「主廚校友」，其實灌水把備料廚師、副主廚或自己開咖啡店當老闆的都一併算進去，離主廚八字都沒一撇。該校還主打他們有廣闊的業界人脈，駐校的職業諮商師是免費提供給學生的寶貴資源，後來又被踢爆這諮商服務實際上僅僅是員工幫忙上 104 看職缺，抄下資訊後發群組信給有需要的學生。這位藍帶校友氣憤地說，絕大多數的學生都要靠龐大的就學貸款才能給付高額學費，但畢業後能找到的工作僅是接近最低工資的職缺，以他們賺的薪資，再加上利息，估計一輩子都還不清就學貸款。

那些出書的藍帶校友們或許是碩果僅存的高材生，但名校是否一定出高徒？我覺得正好相反。我相信藍帶正因為這些高徒才成為名校，而我身為廢柴聯盟的代表，正是想在此提醒各位所謂的品牌迷思，究竟值不值得，見仁見智。無論你想做什麼，千萬別因為自己的教育出身裹足不前，只要肯好好做一件事，無論從哪裡來，想做什麼絕對都沒問題。

米羅與奧立佛

米羅與奧立佛，說起來像是上輩子的事情了。

將近十年前，我搬到洛杉磯，一邊上廚藝學校，一邊等待好萊塢食物造型師們賞臉給份工作。等待十分漫長，讓我一度覺得這似乎不會發生了。過了半年後，我開始把眼光放在找一份實實在在的餐廳打工。聽過很多成功企業家奮鬥的故事，都曾經在餐廳半工半讀，於是我決定照辦，一方面想賺點生活費，二來也想學東西。本來以為降低標準去找餐廳工作應該不會太困難，沒想到依然處處碰壁，原因在於我的學生簽證並不能合法在美國工作。某些做小本生意的家庭式餐廳可能願意睜隻眼閉隻眼，以檯面下付現金的方式僱用你，可我的目標是名聲風評稍微高檔一點的餐廳，這些地方能學到的不僅是高超的廚藝，還能掌握加州最火的餐飲趨勢，放在履歷上也有競爭力。但這些有頭有臉的高級餐廳，根本不會冒險僱用沒有工作簽證的海外學生。

無數次的面試碰壁後，我來到「米羅與奧立佛」。這是一間價位不菲的義大利餐館，位於洛杉磯西邊海岸名流度假城市聖塔莫尼卡。每天早晨出爐的新鮮麵包、蛋糕、糖果餅乾與有機現磨咖啡，讓這間餐廳從早上七點開始就有絡繹不絕的人潮。接近用餐時間，餐廳提供的火窯比薩、手工義大利麵、知名主廚與小農攜手打造的蔬菜沙拉、品酒師精選北加州與世界各地的陳年好酒，都讓好萊塢名流趨之若鶩。僅僅三十個座位的店面，從早到晚都必須耐心候位。

先前已經被一堆餐廳拒絕僱用，米羅與奧立佛又比那些餐廳高檔了一大截，所以我沒有抱任何希望，純粹想說既然對方有興趣碰面，就硬著頭皮去試看看。作夢都想不到，米羅與奧立佛竟然當天就同意給我實習的機會！面試我的是烘焙部門主廚夏立，一個約莫三十出頭、充滿活力的金髮妞。夏立說：「簽證的事情妳要自己搞定喔，在那之前我們可以用建教合作的方式，沒辦法提供妳薪水，但可以送妳一些餐廳禮券。我們通常一天免費送員工一份餐點，妳可以換兩份。之後簽證下來了，再給妳稍為調高時薪做為補償，妳覺得如何？」

儘管沒有紙上契約可以簽，我依然立馬握手成交，隔天就開始上班。

第一週上班的任務是熟悉廚房環境。我是整個廚房最菜的實習生，還不能實際製作糕點，只能備料給餐廳裡的烘焙大師們使用，按照食譜準備一星期所需要的材料。在這漫長的八個小時裡，我只記得不斷地敲蛋殼，測量麵粉、砂糖、乳酪、優格、蘇打粉、泡打粉、巧克力、香草莢……不斷分裝，標註記號，歸類，打掃。像測量材料這種不需要使用大腦的無聊工作，特別容易神遊。但菜鳥就是菜鳥，在不斷重複拿材料的過程中，我漸漸熟知每樣東西的所在位置，一天比一天還要得心應手。儘管回到家時全身殘留著奶油、各種粉狀物和乾掉的蛋汁，腳更是痠得完全站不住，依然覺得獲益良多，心滿意足。

米羅與奧立佛雖然佔地不大，人手卻多到不可思議。第一天上班的時候隨意掃瞄了一下，大概有二十個員工，第二天班表換了，又多出十幾個生面孔。廚房的成員以熱情的拉丁美洲裔移民居多，身上滿是刺青的白人男性第二，一個嬌小的女生在廚房變得很有優勢。當所有同事都比你粗獷陽剛，手上拿滿東西的時候有人主動幫你開門，在櫃子前一臉茫然找不到工具時也會有人相助，墊著腳也拿不到的玩意永遠都有人搶當英雄救美。大家都知道我沒有薪水，於是一天到晚請我試吃東西，讓我外帶麵包回家，份量足夠餵我、我室友還有我鄰居。在米羅與奧立佛的那段日子，好像多了一卡車的家人。

員工餐　香草窯烤雞翅

我只點了三個雞翅，因為怕吃太飽會想睡覺。廚房大哥聽了說這樣吃太少不行，硬是加菜，特製了一道生魚片酪梨沙拉，說這很清爽啦，不會想睡覺！儘管是道涼拌菜，吃起來心裡卻是溫暖的。

以前從沒機會深入接觸廚房工作者，在洛杉磯的餐廳前台總是看到光鮮亮麗、身材高挑的侍者，但在廚房後場以粗活換取微薄薪水的小人物，才是故事的主角。

在米羅的那段時間，我結識了這輩子完全沒想到會共處一室的各種人物，例如非法移民。他們往往同時在好幾間餐廳兼差，一個班表八小時，下班之後會去另一間餐廳再打下一個八小時的班。熱情的拉美裔同事從來不喊苦，甚至自嘲說：「我太多小老婆了，不多賺點錢怎麼夠用！」有幾個同事曾經在街角販毒，另一個同事雖然跟大家一樣領最低時薪，卻在海邊擁有一棟四房豪宅。他說：「以前大麻還沒合法化，我做地下生意賺了超多錢。現在大麻合法了，誰還會想要在路邊跟一個陌生人買大麻？」還有一個同事剛出獄，每天上班腳踝還戴著法院規定的監控器，他光著頭，滿身刺青，粗壯的手臂一揮就可以打昏一票人。但這位大哥真心是我這輩子遇過最善良、最慷慨的人，每天幫我加菜，堅持要我帶麵包回家，也都是他的愛心。說實在的，我覺得每個人這輩子都應該要去餐廳打工一次，近距離接觸社會基層的藍領階級，真正去認識、交心之後，你才會知道，以前講的尊重都只是紙上談兵，真正的尊重是不以貌取人，而是關愛、理解並欣賞來自四面八方的每一種人。

跟著這些張牙舞爪的人生硬漢一起工作了三個月，我的身體跟心靈都變得十分強壯。一開始常常腳痛到隔天無法下床，手臂舉重物感覺要殘廢了，後來變得超粗勇，完全無感。一個星期總有兩天，餐廳的班表跟學校的課表相衝，那兩天真的忙到裡外不是人：早上六點去廚藝學校，先跟老師說好提前半小時早退，火速飆車到餐廳，一直工作到晚上七、八點，回到家還要寫作業，寫完都凌晨了，隔天還要六點上學。有時忙到沒空吃飯，只好一邊做蛋糕，一邊往嘴裡塞些餅乾糖果，明明每天勞動量都很大卻還是胖了！上班第三個月，工作簽證還是沒申請到，依然靠換食物取得酬勞。因為這個安排，一般人可能要過年過節才願意忍痛來米羅與奧立佛消費一次，我則是菜單隨便點，都吃膩了。

米羅與奧立佛最出名的就是他們的火窯比薩，大排長龍的隊伍通常都是為了比薩，就連明星亞當・山德勒跟布萊德利・庫柏也常是座上嘉賓。我吃比薩是吃餡不愛皮，但米羅的皮真的好吃到炸，無法言喻的美味，就算冷了依然好吃。該怎麼說，他們的比薩皮吃起來隱隱約約有種油條的口味跟質感，外皮酥脆，芯軟有嚼勁，還有種油條專屬的鹹香味道。因為這油條味勾起了我的鄉愁，某天我決定溜去比薩部門的儲藏室給他一探究竟，裡頭有麵粉、酵母，這些都大同小異，但往角落仔細一瞧，竟然囤滿了一桶桶寫著中文的……酥油！難道這就是餅皮好吃的祕訣嗎？老天，我早忘記上一次連皮帶料把比薩全部完食是什麼時候的事了。若有機會到洛杉磯，推薦大家一定要嚐嚐。

嚐過驚為天人的米羅比薩之後，有段時間每天我就只想吃比薩，菜單從最上面點到最下面，一天試一個口味，唯一還沒試過的就剩下蛤仔比薩。但是每次我想點蛤仔比薩的時候就會被廚房打槍，說今天沒有蛤仔喔，銘謝惠顧。某天上班，我眼角餘光瞄到廚房同事搬進了一箱箱的大蛤仔，超大，跟手掌一樣大喔！於是到了放飯時間，我手刀衝去點蛤仔比薩。廚房大哥說：「今天沒有蛤仔，銘謝惠顧。」

我大喊：「騙人！我剛剛明明就看到一箱一箱的蛤仔！」

廚房大哥放大音量（想讓大家都聽到）：「那是要做蛤蠣濃湯用的。話說從餐廳開張到現在，從來沒人點過蛤仔比薩，我們還在討論要不要乾脆從菜單下架算了。一直沒拿下來是因為懶得印新菜單，沒想到廚房竟然有個怪咖每天都吵著要吃蛤仔比薩。」

因為是開放式廚房，在吧台用餐的客人也可以輕易聽到我們的對話。食客們紛紛竊竊私語：「蛤仔比薩？」「蛤仔？放在比薩裡？有這種東西？」「誰會想點這種比薩？」

無奈心碎之餘終究沒吃到蛤仔比薩，還被取笑了一番，喜歡蛤仔錯了嗎？

員工餐　**脆炸臘腸與青蔥比薩**

昨天點了綜合野菇比薩，菇類含水量高，比薩皮變得太過濕軟，口感不佳。今天特別選了臘腸與青蔥，兩個特別乾燥的食材放在油條比薩上，救命，靠杯好吃！

半年後，我終於拿到工作簽證了，在米羅與奧立佛做白工的日子也正式告一段落。當時加州法律規定的最低時薪是八塊五美金。夏立把我帶進辦公室，準備文件讓我正式成為有薪員工，並在薪水單上面寫：「時薪九塊。」雖然比法定最低時薪多了五毛，我依然覺得被佔了便

宜。這應該是我人生第一次跟老闆爭取薪水：「過去半年我一毛錢都沒有領，這個時薪九塊比我預期的少太多了……」夏立點頭，把九塊改成十塊，我們再次握手成交。

米羅與奧立佛開始付我薪水之後，大大減少我的班表。想當然嘛，以前是隨傳隨到的無薪實習生，一星期平均傳喚我四到五天都不用付薪水，現在得付錢了，公司希望我能把原本五天的工作加速在兩、三天內做完。除了原本的測量食材，我現在還要準備巧克力餅乾、果醬、司康等可以預先做好存放進冷凍庫的商品，每天早上烘焙師就可以直接拿取需要的份量，烤熟後輕鬆上桌。要把冰箱塞滿足夠用一星期的餅乾真的很難，一開始我做三百片，不但夠用還有剩；後來我做的餅乾越來越暢銷，數量漸漸從一星期三百片增加到四百片，有時特殊節日還要做到六百片！雖然一邊咒罵翻倍的工作量，但依然心花怒放，因為我做的餅乾成為米羅最賺錢的烘焙商品。

除了餅乾之外，另一個耗時費工的單品就是草莓司康。這是一種奶味香濃、外酥內軟的天堂糕點，在圓形小司康中間用拇指深深地壓出一個凹槽，像是當成一個碗那樣，裡面填滿我親手製作的草莓果醬。司康剛出爐的時候真的會讓人顧不得燙口，狼吞虎嚥一番。每做一批手工草莓果醬要耗費將近四個小時，先把像個小山丘的整粒有機草莓去蒂剖半，接著加入砂糖跟檸檬汁，像巫婆煉金一樣不斷攪拌。一開始草莓裡頭的水分會被砂糖稀釋溶解，變成看似湯湯水水的狀態，不需要花太多時間照顧，但經過燉煮三、四個小時之後，會在最後三十分鐘瞬間變濃，特別容易糊底，一刻都不能離開崗位。這時候的果醬溫度極高又濃稠，一旦噴濺就會像岩漿一樣緊緊附著在皮膚上，燙到隔天肯定起水泡！這耗時又危險的成品當然是好吃，有沒有用愛心去煮我不知道，但保證有我無數被燙熟的怨念在裡頭。

有天正在煮草莓果醬的時候，餐廳主廚杰森興致高昂地跑來問我：「聽說妳是台灣來的？」我驕傲地回答：「是！」杰森說：「去年我在台灣當了一個月的背包客，念念不忘你們的牛肉麵，哪天有空做給我們吃好不好？」我跟他解釋，牛肉麵這種東西不是一、兩個小時就可以弄好的，如果要做一大鍋當員工餐，至少得小火慢燉個四、五鐘頭。杰森不死心：「剛好啊！我買材料，妳可以跟草莓果醬同時煮！」看在外國大廚如此青睞台灣料理的份上，我欣然接受挑戰！這時候已經快要過年了，算是我第一次在異鄉跨年，便跟杰森約好跨年那天晚上，我負責帶煎餃和牛肉麵，但他要請我跟室友珍妮佛吃大餐。

跨年那天，餐廳空蕩蕩的，想必很多人都去酒吧狂歡了。我跟珍妮佛坐在吧台，吃著一道又一道精緻（免費）的義大利料理，酒像不用錢一樣狂喝，微笑看廚房兄弟們搶食煎餃與牛肉麵，身在異鄉，但內心卻有回家的感覺。很多人說「身在福中不知福」，其實當時的我早就知道，多年之後這會是自己最懷念的一刻。

員工餐　**蛤仔比薩！！！**

繼跨年做了牛肉麵與煎餃給大家吃後，某天中午放飯，廚房大哥神祕兮兮地叫我閉上眼睛，伸出雙手，一看，竟然是滿滿蛤仔的比薩！大哥說：「僅此一次，明天就沒有了喔。」

在米羅與奧立佛工作一週年了，一位資深同事即將去秘魯休長假，於是公司決定趕鴨子上架，將我訓練成一個能在假日獨當一面的甜點烘焙師。除了原本的任務之外，每個週末凌晨三點就要到餐廳報到，完成一整櫥窗的商品，除了腦中必須熟記每個產品瑣碎且繁重的製作過程，然後從凌晨三點一直到中午，像馬拉松般烤出一盤又一盤的晨間糕點。雖然這個班表早得有點瘋狂，就算晚上八點就乖乖上床睡覺也只有四、五個小時的休息時間，唯一的優點是在清爽的黑夜離開家門，走進空無一人的廚房，安安靜靜完成一項又一項的任務。在外人眼中很辛苦的班表，對我來說如魚得水，甚至有些上癮。

餐廳員工的流動率很高，米羅與奧立佛在這一年之間走了一票同事，與我當初進來時已大不相同。老闆還野心勃勃地開始擴張店面，工作量大增之外，還要不斷訓練新員工。是的，此句話重點在「訓練新員工」。曾幾何時，我還是那個連烤箱都碰不得的菜鳥，現在竟然可以訓練新員工了！

這些時間勞力換取的光環雖然令人陶醉，但我的社交生活卻完全停擺，每天都是活屍狀態。有天凌晨上班實在太勞累，竟然手滑把一大桶蛋汁倒在身上！餐廳營業規格的蛋汁不是幾顆蛋砸到腳上而已，是兩、三百顆打好的蛋液放在一個超大的桶子裡，灑出來會全身濕透要換衣服那種等級的狼狽。那天回到家，臭到像剛去抗議遊行被人狂砸雞蛋的憤青，身體到了臨界點，就算抬腳、按摩、熱敷，隔天早上依然像是踩在扎滿針頭的地毯上寸步難行，而且還要上學，那段時間真的不是人過的啊！

在米羅一年半，儘管對於廚房工作者充滿敬意，萬般不捨心愛的革命同袍，但是錢少、工時長又傷體力，終於敵不過想要離職的念頭。就在我快要離開前夕，發現公司把平時鋪在地上的黑色橡膠軟墊拿走了，說是因為衛生考量，軟墊容易滋生細菌，不好清理。軟墊拿走之後，腳下踏的就只剩下硬梆梆的磁磚地板。平時沒有特別在意，但那塊硬軟適中、髒到靠北卻可以吸震防滑的軟墊沒了之後，我的雙腿瞬間靜脈曲張爆表。我的小腿每天回家都在哀悼著它，心裡暗自希望等我離開了，大家也會像思念那塊吸收日月精華的低調軟墊，默默疼痛地想著我。

這樣說來有點心虛，但離開米羅與奧立佛之後，我在美國飛黃騰達的故事才正要開始。我後來應徵了不少私人廚師的工作，人人一聽到米羅的名聲就趨之若鶩想僱用我，我車都還沒停好，他們支票就寫出來了。最後勵志地回顧一下，當初接受這個「打工換食」的安排，沒有幾個人覺得是個聰明的舉動，還笑我太傻太天真。半年不拿錢？真是被佔便宜了！但如果人生老是這樣想的話，永遠都不會想要投資自己。這些身體上疼痛但心裡又回甘的記憶，再讓我選一次依然不後悔。

亞洲，移民，女性，廚房工作者

在美國工作，回台灣最常被問的問題就是：「聽說美國種族歧視很嚴重，妳有親身經歷嗎？」奇妙的是，在美國，反而更常被問：「廚房是男人的天下，會不會覺得身為女性備受歧視？」這樣看來，一個隻身在外打拚的女子，選擇在美國做餐飲相關工作，似乎很不吃香？正好相反！歧視不曾發生在我身上，並不因為我是亞洲人，也不因為我是女人。或許算我幸運吧，但更多時候是許多人對於種族與性別歧視根本上的誤解。

先講種族歧視。在美國社會確實有根深柢固的歧視歷史，從十八世紀開始，來自非洲的蓄奴行為、從拉丁美洲國家奔來的非法移民，還有華人移民到了中國城給人各種髒亂、不衛生的印象，基本上這三類「非白人」的外來民族被白人歧視，多半是來自於他們的教育水平比白人矮了一截，又因為後天因素輸在起跑點，只好從事各種低門檻、低收入、低階級的工作。因為困苦，有些人會轉向犯罪的行業，生活更是惡性循環。當然白人也不乏沒受過教育的老粗、罪犯，但有色人種可以更輕易地從他們的膚色、外表與語言能力被辨識出來，於是更容易被先入為主地貼上標籤，被歧視。社經地位不如人之外，還被冠上「外來者到美國搶工作」的罪名，可以說是走到哪都人人喊打。

逐漸地，這些移民美國的人扶養了在美國土生土長的第二、三、四代，新一代的移民小孩受的教育較高，加上移民父母通常比較嚴苛，因為自己苦過，會希望孩子能比他們更爭氣。這些移民家庭養出來的下一代通常有著比白人更努力的工作態度，漸漸在美國社會的各個職場嶄露頭角。因為膚色或是口音去歧視一個人，這樣的行為現已普遍被社會譴責，除了某些資源依然不發達的小鎮之外，大部分的城市都非常能接受美國等同文化大熔爐的事實。

但很多人並不知道，種族歧視在現今的美國社會是非常敏感的話題，並不像大多數人想像的那樣——都是白人去歧視有色人種。其實歧視已經漸漸演變成雙向道，過去白人在社經地位上雖然贏了一把，但現在美國的白人，尤其是經歷過最近一次的全國抗爭暴動，可說是如履薄冰。一個白人若是批評了另一個有色人種，無論批評得是否有理，社會大眾立刻見到黑影就開槍，導致現在白人影評絕不敢輕言批評黑人導演的作品，白人食譜作者不能隨意使用異國食材等，出現各種「新種族敏感」現象。究竟這些與種族議題相關的抬頭意識是否完全站得住腳，只有時間和歷史才能驗證。「誰叫他們享受那麼多特殊待遇，現在被罵也是活該。」非白色人種團結起來圍剿白人變成了另一種新趨勢，可以說是風水輪流轉。但無論怎麼轉，美國這個大熔爐，只要大家一直去計較你我，短期之內似乎依然看不到真正「熔」在一起的那天。

再來我們討論一下職場女性。很奇妙，在亞洲社會，女人在職場已是天經地義的事，你的同事有男有女，你的主管有男有女，小吃店有老闆也有老闆娘，這一點都見怪不怪。很多時候，我覺得女人堅忍耐操，同時又手巧心細。在台灣，我從不覺得女人不比男人強，也不覺得女人的待遇比男人差。在美國，女人當然也會工作，但女權主義者真的很會吵架！當女權主義者吵著很多對社會有助益的對話，也同時把自己框進了受害者的角色——女人好苦，女人好委屈，女人的待遇好差——有些是事實，有些卻是藉口。

某些行業本來就是男人比較願意從事，甚至比較在行，譬如需要大量勞力的工作，需要理工、化學、數學專業的行業，男多女少並不是刻意安排。對我來說這是生物學，並不是什麼不公平的社會現象。某些抱怨待遇不平等的女人，或許她的工作能力就是欠佳，濫用女權的名號卻不自我檢討進步，受害者最後變成了加害者，跟上述逆向種族歧視的狀況類似。當極端的女權主義演變成「仇男」主義，我反而覺得對於促進男女平等更退了一大步。我贊成男女做同樣的職位必須能夠領取同樣的薪水，我也贊同雙薪家庭裡帶小孩不僅是媽媽一人的責任，更贊成女性在職場上忍受性騷擾的行為需要防範制裁。全世界現在有許多「純女性」（female only, female founded）的企業開始流行，廣受推崇。女性老闆只僱用女性員工，但我卻覺得這是逆向的性別歧視。若今天一個男性創辦人決定只僱用男性員工，你覺得他們在這個社會還有生存的餘地嗎？「誰叫他們享受那麼多特殊待遇，現在被罵是活該。」是否覺得很耳熟？聽起來像是一種報仇的心態，但冤冤相報何時了？

無論是種族還是性別，我真心希望大家的出發點是來自愛，而不是以愛之名行恨之實。

有時候自身的包袱比來自社會本身的歧視，更阻止一個人的發展。自身的包袱，該怎麼說呢？純粹講我自身成長的經驗。從小到大，生活倫理教導我們做人要謙遜。自我感覺良好，四處吹噓，這叫做自大，萬萬要不得。還有長幼尊卑的概念，一個年紀比你大或是工作資歷比你深的前輩，他說什麼你都要盡量照做，就算心裡不同意，除非對方真的千錯萬錯，最好放在心上不講出來，以免被認為沒大沒小。搬到美國之後我才發現，謙卑與自卑只有一線之隔，而對於自己的想法不大方表態，與沒想法、沒熱忱，同樣是薄薄一線之隔。這條線甚至全世界就只有你自己知道差別。看著美國人都勇於表現，更勇於挑戰既定制度，不認同就發聲，做得好就期待被表揚，我才發現自己從小被教育的一些美德怎麼莫名其妙瞬間變成缺點了？

自信，絕對是可以後天訓練的。在好萊塢工作十年之後，自然也培養出我對與美國人應對進退的信心。但羅馬不是一天造就的，這些根深柢固的文化包袱，即使到現在，有時還是會困擾我。

最明顯的例子就是面對新客戶時一種手足無措的自卑感。一個從沒

A7
辣台妹：支持台灣價值
不完美的民主與完美的獨裁
新台幣兌美元貶1.2

合作過的客戶，無論是經由同行介紹，還是經由我的官方網站自動找上門，明明是一種肯定，但只要對方的氣勢越高，我發現自己常常會下意識地把姿態放低。上星期，有個韓國的食品公司找上門。在與對方進行初次電話訪談之前，我覺得充滿信心，一來是文化背景相近，對於韓國食品我自認比任何美籍食物造型師都來得吃香。電訪的過程大致也都很順利，我們相談甚歡。然而當對方開口問：「妳對於韓國美食精不精通？」如果我是一個美籍造型師，肯定老王賣瓜，把自己掛保證講個天花亂墜。但我卻控制不了自己想要謙虛、害怕廣告不實的內心小劇場，中肯地據實以告：「韓國菜我做過一些，但中式、越南還有日式的案量接得更多。」我可以感受到這個「謙虛」的舉動，瞬間讓對方從「相談甚歡」退一步到持「保留態度」，後來也就沒下文了。

還有一種時候我也很想甩掉自己的文化包袱，那就是被稱讚的時候，無法簡簡單單說「謝謝」就好。美國人不吝嗇稱讚，雖然他們的稱讚有時候也不是真心的，像我們問一個人「吃飽沒」差不多等級，沒什麼太大意思的社會基本禮儀。有時候我常常覺得自己也沒做什麼，卻被一直稱讚，真是不知該做何反應。然而不好好回應會被誤認為沒禮貌，有時候不小心回說「謝謝，但這真的沒什麼」，又會被誤以為沒自信。我為何不能就理直氣壯說聲謝謝就好了呢？亞洲人最愛取笑美國人的地方就是，有事沒事就稱讚孩子好棒棒，什麼比賽都有安慰獎，養出沒有兩把刷卻自我感覺良好的後代。然而在美國工作多年，回老家被媽媽嫌東嫌西，有時候心裡很錯亂，不知道究竟哪一邊的作風才是好。

美國有一個專播美食的電視頻道叫做 Food Network，這個頻道捧紅了很多廚師，一天二十四小時連播名廚做菜、名廚 PK 大賽、名廚旅遊節目等等。在一次因緣際會之下，我接到一個工作，要幫這個頻道的名人廚師捷特・提拉（Jet Tila）準備幾道菜。捷特那天是要出席電器產品的代言，分鏡大綱上面說他會在廚房大展身手，用代言的電器產品準備一桌好菜。想當然，名廚只是露臉代言而已，幕後準備這「一桌好菜」的則是我本人。時間到，捷特本尊現身，他在旁邊準備妝髮，我也同時在一旁替「一桌好菜」做最後妝點。

短短三小時的拍攝，竟讓捷特對我的工作表現讚譽有佳。他不僅不斷給予口頭上的稱讚，還特地要了我的連絡方式，說有一些工作機會能用到我的專長。我說不上究竟自己是哪裡做對了，因為，呃，上述說的那個亞洲包袱，謙虛不自大云云，讓我覺得受寵若驚，外加一抹亞洲人無法克制的心虛感。幾個星期過後，捷特果真照約定來電，請我幫他拍即將上市的新書封面！在拍照現場，我們需要隨時把照片回傳給外地的出版社，徵求對方同意。我還記得當時出版社對於攝影師的光線、構圖，甚至連捷特的表情都有意見，遲遲不願給綠燈過關，但唯獨沒意見的就是我的食物造型。最後封面順利完成了，來自遠端那頭出版社的肯定也讓我在捷特面前更是走路有風。又過了一段時間，捷特即將與合夥人在賭城拉斯維加斯開連鎖餐廳，而我接到電話，是捷特親自要求，他新餐廳所有的菜單圖片、網站、社媒文宣，全部的食物造型都將交由我操刀！

幫捷特的新餐廳拍照，應該是我人生做為一位食物造型師，最受愛戴與尊重的高峰點了！捷特從開會時就跟大家表態：廚師與造型師是兩個完全不同的專業，他負責把口味研發到位，我則是負責讓觀者的眼睛流口水，凡是與美學相關的決定，他和他的團隊百分之百信任我。整個拍片過程中，不斷有人來詢問我的意見，似乎只要是我說的，大家就全都異口同聲沒問題照做了。被一個明星當成明星一樣的對待，如果發生在一個土生土長的美國人身上，可能讓人頭大身體輕，自信心爆表，但對於有亞洲包袱的我來說，我更是覺得自己是何德何能擁有這麼多決定權？除了不斷道謝之外，我更加緊張地低頭猛幹，更仔細檢查盤中食物是否完美，更注意細節，真的是沒時間得意，也沒想著要對於這些讚譽有佳的好意多回應什麼。我常常在想，捷特會不會覺得我很沒禮貌呢？

很多時候美國人愛問：「最近好嗎？」或是「週末有沒有做什麼好玩的事情？」老實說，如果我進入工作狀態，大部分時候其實不太知道該如何在工作空檔跟客戶同事打屁聊天。我的結論：工作做好放第一，做人第二。有些我的競爭對手可以兩者兼顧，生意也許因此比我好得多，但如果一個人真的沒辦法一心二用，我對於自己應有的表現已經非常滿意了。

這些來自不同文化的內心小世界，其實就是最經典的「文化衝擊」：同樣的行為，在兩種不同的文化之下，其中一種就行不通了。但是真的行不通嗎？經過十年的適應與調整，我得到的結論是，遊走在兩種文化之間，是福也是禍。除了最明顯的語言障礙，英文講得不夠好，中文也退步，兩邊不是人之外，還有我一直強調的文化包袱——謙卑。謙卑或許讓我稍嫌自信不足，但謙卑同時也提醒著我永遠都有所不足，要更不懈地加強自己。謙卑或許讓我在氣勢上矮人一截，但同時讓我不自滿。我們有時候會很失落地一直想要把自己跟別人比較，希望自己總是可以擁有別人的特長，但是十年了，我其實很珍惜自己可以遊走在兩個國家的文化之間，不斷截長補短。與其去和他人比較，有時我們必須告訴自己：「他很好，但是我也不是省油的燈！」

如今我可以很驕傲地說，我是一個來自台灣的女性廚房工作者。「歧視」兩個字，只要我過得了自己這一關，出門在外，從不曾發生在我身上。

SCENE

Getting Personal

TAKE

TWO

貴族藍領

如果說在速食店洗碗切菜是餐飲業最底層的市井小民，私人廚師絕對是這個社區的皇室了。我們工作同樣長的時間，領截然不同的薪水，不需要去煩惱蔬果肉品的批發來源，使用的是最好的食材，購入價格往往也是最高，去哪裡買菜都可以，因為錢不是問題。我的同事，無論從打掃阿姨、奶媽，一路到園丁與水管工，也都是他們行業的皇室。儘管高級人生如何與他們的日常格格不入，任何一個打掃阿姨比誰都瞭若指掌全世界最高級的餐廳、最私房的美酒、最費工的香精肥皂，或是最柔軟的埃及棉被單。我們不是坐擁百大企業的 CEO，但若將我們的薪水單蒐集起來，絕對可以拿來玩百大企業僱主賓果。我們是一群幫傭界的「貴族藍領」，在茶水間交換的閒言閒語可媲美八卦雜誌，但貴族藍領的口風都很緊，講壞話通常不會指名道姓，所以這並不是一個爆料的故事，而是一則關於貧富差距的日記。

洛杉磯有幾個頂級住宅區，大家最熟悉的是比佛利山莊（Beverly Hills），還有聖塔莫尼卡（Santa Monica）與馬里布（Malibu），這三個地區交界又有像貝沙灣（Bel Air）、布蘭特伍德（Brentwood）與太平洋帕里薩德（Pacific Palisades）等低調但同樣高檔的黃金地段。身為私人廚師，我所接到的客源永遠來自這六個區域，從無例外。

穿梭在這些地區，每一棟房屋都是豪宅。富豪們注重隱私，前後院總是種滿各種花草樹木阻擋別人偷拍的視線，綠油油的市容因此受惠。

行經這些地區像是被催眠一般，心情會莫名開闊，腳打節拍口哼小調，但在這裡工作，我無法忽略的還是白天與晚上迥異的風景。晚上下班時這裡像是鬼城，除了偶爾擦身而過的幾台限量版特斯拉跑車之外，路上一輛車也沒有，我想名車應該都停進室內車庫了吧。樹叢擋住大部分的視線，只能隱約看見一點屋內傳來的光暈。豪宅佔地廣大，儘管屋內的人放聲大笑，從外頭也完全聽不到一點聲響，除了蟋蟀聲之外完全寂靜。到了白天，這裡瞬間變成另一個國度，空氣中聽見的對話只有西班牙文，路上見到的面孔也都是拉美裔族，大聲招呼彼此，好不熱鬧。路上與車道總是停滿破爛的 Toyota 和生鏽的 Ford 卡車，開了三十年的 Nissan。彷彿瞬間光速傳送到另一個世界。我們身後的背景是豪宅，手上遛的是億萬富翁的狗，修剪的是國際巨星的草木，開的是股票大亨的名車，後座躺的是他們的小孩。還有就是我，我手上提的是價值三百美金的日常雜貨，不管吃不吃得完，三天內就必須重新再買一次。天黑之後，馬車變南瓜，我們各自回到現實世界。

一般人認為，會僱用私人廚師的客戶都是超級有錢人，這個推理固然沒錯。但如果錢完全不是問題，你難道不會想要每天去不同的高級餐廳嚐鮮？懶得出門也可以請人外送，要是我就會想這樣做。僱用私人廚師的客戶除了有錢，都知道自己難搞又挑剔，那是需要更多錢才能買到的服務，一種百分之百客製化的體驗。

為了精心製作一頓晚餐，你會走遍幾間商店購買食材？我的答案是七間。

首先，我去了每週三的聖塔莫尼卡農夫市集，因為同樣是燒烤蔬菜，一根小拇指長的胡蘿蔔、彈珠大小的番茄、五顏六色的迷你馬鈴薯，比任何大蔬菜切塊狀都來得可愛、皮薄、甜美。市集的草莓往往也大勝超級市場，我自己順便帶一盒。接著開去客戶指定的 Lodge Bread，這間麵包店除了用自己養的老酵母揉麵之外，還自己磨麥粉，烤出來的麵包有股濃濃炭香，外皮香酥，麵體彈牙，與眾不同。麵包買完造訪海鮮市場，野釣的鱸魚並不是隨處可見，一定要去優質的小海產店才能碰碰運氣。然後去義大利雜貨老店 Guidi Marcello 買羅馬進口的鹹豬肉與細水管形狀的義大利麵，一定要到這間雜貨店才買得到，外加老闆總是讓我試吃佛卡夏與風乾番茄，完美的中場休息站。

接著剩下超級市場的行程，第一站當然是美國最夯的有機超市 Whole Foods，這裡貨品最齊全，運氣好的時候，所有東西都可以一次買齊。可惜這天沒那麼幸運，基本的柴米油鹽、蔬菜水果、雞牛肉類買到了，但是依然得再去另一間較小的有機市場 Co-Opportunity 入手最後幾樣。這間小型超市販賣的幾款無麩質甜點品質特別優良，若是客戶指定，通常我就得多跑一趟。檢查購物清單，原本以為全都買到了，不料竟有一樣漏網之魚！目前去了六間店都沒見到的……新鮮甜豌豆仁。一般超市只賣冷凍包裝的豌豆仁，在美國買了這麼久的菜，要買新鮮碗豆仁除了農夫市集之外，唯一的地方就是平價超市 Trader Joe's。去那裡買乳酪、紅酒以及一些冷凍或是現做商品非常優，但水果與肉類卻十分不上道。通常若是購買工作用的食材，我總是跳過 Trader Joe's，看來今天栽進豌豆仁的手中，勢必要跑這第七間商店了。我相信各位看到這裡應該覺得很累了，我也累了，但這只是買菜而已，我連爐火都還沒開呢！

正港的富豪才有本錢請人操心各種人生的小確幸。管家買了一大袋水果，正在垃圾桶前面剝水果皮上的產品貼紙，因為女主人想要「感受」水果直接從樹上摘下來的幻覺。小孩想要養狗，但吃喝拉撒全由傭人打理，只為了下課回家可以享受五分鐘與毛小孩親親抱抱取暖的時光。男主人下班後氣沖沖地說不小心將 iPhone 摔壞了，叫助裡去買最新的 iPhone X，不料洛杉磯全面缺貨，助理最後開了一小時的車總算找到一間蘋果店有現貨。男主人在電話裡氣急敗壞地說：「不管了！幫我怒買三支！」一支放公司，一支隨身用，若是兩支都摔壞了還有一支備用。

有些有錢人很注重排場，我目前聽過最誇張的是一家只有四口，卻請了三個廚師、六個管家和一打園丁。儘管小孩成天只吃垃圾食物，這三位廚師三餐還是要想辦法變出滿漢全席，每天過度點餐的結果，冰箱無時無刻都是任君挑選的高級剩菜。某天這家人臨時有客人造訪，太太放著滿冰箱的剩菜不吃，硬是要求廚師臨時變一桌新鮮的菜色出來，說這樣「聞起來」才像現做，現做才有誠意。太太接著打開一個塞滿 Tiffany 耳環的櫃子，叫管家隨便挑幾盒出來，讓客人飯後帶回家作紀念。一個成人高度的五斗櫃，收納了上萬美元的「備用珠寶」，專門用來應付來不及買禮物時的緊急狀況。晚餐飯後，廚師必須清除部分冰箱裡的剩菜，才能放進更多的剩菜，這些好料每過兩天就被扔進垃圾桶，十幾個員工沒有一個敢問主人能否讓他們把剩菜帶回家，或是微波了當午餐。垃圾桶裡滿滿都是牛排與龍蝦，打掃阿姨們卻得走去對面的餐車買一份兩塊錢的捲餅來吃。

還有一些少奶奶疑心病特別重，成天擔心幫傭與助理會勾引她有錢有勢的丈夫，穿得太漂亮的人明天就不用來上班了！要是彎腰擦桌子的時候男主人剛好走進家門，明天也不用來上班了！微笑不夠燦爛，微笑太過燦爛，明天通通不用來上班了！雖然我本人從來沒有遇過這種客戶，但每當我去一個私人住宅工作，都會記得打扮得稍微邋遢一點，一來是寬鬆的衣著工作舒服，二來是怕被少奶奶們誤會，第三就是不要讓男主人有任何遐想空間。其實這些少奶奶的心情還滿容易理解的，因為在所有傳統價值觀裡，妻子照料家人的工作全被眼前的員工取代了：老公回家第一個見到的是在廚房燉肉的我，再來看到打掃阿姨跪在地上收拾小孩子的玩具，家教老師溫馨地坐在客廳陪小兒子唸書，最後才是見到自己遊手好閒（但美麗）的老婆。說到底，這就是因為心虛所產生的不安全感吧？家家有本難唸的經，有錢人家也是一樣的。

儘管我相當自豪自己的廚藝，但富豪家人餐桌上的故事，似乎總是比菜色本身還要精彩。文末我給各位上的最後一道菜，是一位客戶九歲的小孩上數學課時，老師要他拿一道最喜歡吃的料理來練習數學的食譜——松露薯泥。

	4 人份	6 人份	8 人份
育空黃金馬鈴薯	5 顆	7.5 顆	A 顆
喜馬拉雅鹽	1.5 小匙	B 小匙	3 小匙
義大利松露油	C 公克	75 公克	100 公克
有機鮮奶油	180 公克	D 公克	360 公克
法國無鹽奶油	225 公克	E 公克	450 公克

請計算出 A、B、C、D、E 分別為多少？

松露馬鈴薯泥

想要得到滑順的馬鈴薯泥，其實沒什麼了不起的祕訣。有些人會去買專門壓泥搗碎的工具，但只要你肯花點時間，將馬鈴薯整顆煮到天荒地老完全熟透，就算只有一支叉子也能出師。這個食譜不是一般貧賤百姓在吃的平庸薯泥，除了有加松露油之外，還有大量到幾乎是犯法的無鹽奶油和鮮奶油，獲得的成品彷彿絲綢一般似泥似醬的神仙境界。唯一的缺點就是做完手會很痠，但往好處想，吃下肚的奶油總是得想個辦法消耗，對吧？

4 人份

育空黃金馬鈴薯 5 顆
喜馬拉雅鹽 1.5 小匙
義大利松露油 50 公克
有機鮮奶油 180 公克
法國無鹽奶油 225 公克

燒一大鍋水，放入洗乾淨的馬鈴薯整顆帶皮煮熟。馬鈴薯 5 顆至少要煮 45 分鐘，煮到叉子插進馬鈴薯中心感覺不到任何阻力。

將煮到熟軟的馬鈴薯撈起瀝乾，稍微放涼，用手就可以輕鬆剝皮。用叉子將去皮的馬鈴薯壓搗成泥，倒回剛才的大鍋。一定要記得將鍋裡的水分擦乾。

開小火，加入一小部分的鮮奶油及無鹽奶油，每加一點就快速攪拌均勻，待馬鈴薯吸收油脂之後再繼續慢慢加入，直到全部的量都用完。中途若覺得油脂無法被馬鈴薯吸收，可以加入 2 大匙的熱水，繼續用力攪拌。

加入松露油與鹽快速攪拌，一旦出現油水分離的狀況就再加 2 大匙熱水。

若是覺得薯泥仍不夠綿軟細緻，可以將薯泥過篩一遍。最後依個人喜好加些鹽與黑胡椒，調整口味。

挑食

我特別喜歡聽挑食的故事。

因為工作上經常要應付挑食的人，每當與朋友聊天，難免好奇究竟什麼食物比較不受寵？民調結果顯示，得票數最多的是茄子與蘑菇！不喜歡菇類的人大多是因為口味，不喜歡茄子的人則是因為口感。

我常常納悶，究竟什麼原因讓人挑食？有些人是天生基因裡就抗拒某種味道，有些則是父母後天溺愛；香菜去死團屬於前者，不吃蔬果的小朋友屬於後者。還有些人是因為成長背景迥異，像是很多老外都不能接受雞爪與內臟；還有人是因為不好的回憶對食物產生陰影，例如曾經有過食物中毒或是過敏反應的記憶。

我媽對於吃飯這件事一直都屬於「不吃就拉倒」的態度。桌上就是這些菜，你要吃也好，不想吃也沒人逼你，但不會因為你不喜歡某樣食物就特別準備不一樣的菜色。我個人沒有特別挑食，蔬菜裡面唯一不愛的大概就是木耳吧。對我來說那就是一個口感問題，嚼起來嘰嘰喳喳的，像是橡皮筋的質地，不是特別吸引我，但要是切了絲放在拉麵裡我還是會加減吃。水果的話我特別不喜歡香瓜跟哈密瓜，吃的時候總覺得有一股香水味，吃多了還會覺得頭暈，這似乎就是體質問題了。如果要說成長背景造成的挑食，就屬內臟類。我從小到大幾乎都沒吃過內臟，對內臟類的觀感還停留在生物課解剖圖的畫面，除了肝之外，其他內臟光用想的就覺得有點噁心，更不用說嘗試放進嘴裡了。

就算試了一口，依然覺得那撲鼻的腥味遠超過食物的美味。很多朋友都說我大錯特錯，但是我就是有心魔沒辦法克服啊！喔，還有兔子。我無法把可愛的兔子想像成食物，這也算是後天成長背景帶來的心理障礙了。

如果說挑食是一種病，身為私人廚師，對症下藥是家常便飯。然而有些病有得醫，有些真的是沒藥救。我有一個客戶，家裡有個十二歲的青少年，凡是青菜或沙拉類的食物都沒興趣。每次全家人吃飯，他老媽會試著把每一道青菜都放一點在他的餐盤，然後對他說：「你試試看嘛！不喜歡就算了，但試一口也好。」果然，少爺每次就真的只吃一口，這樣他老媽看了開心，他也可以繼續回去吃他的牛排跟義大利麵。這位少爺每次吃完都會給一樣的評語：「不難吃啦，但是今天不想吃那麼多青菜。」這讓我深信，少爺其實並不是不敢吃青菜，純粹就是欠扁。

又過了幾年，少爺到了可以參加跨國夏令營的年紀，我的客戶（也就是他老媽）連續好幾年夏天都幫他報名了一個加拿大北邊的童軍夏令營，聽說風景美不勝收。在這個夏令營裡，少爺會學各種野外求生技巧，包含露營、打獵、採集、野炊等等。某個夏天，少爺回到洛杉磯的家，興奮地來到廚房在我旁邊跟前跟後，問我各種關於做菜的問題。小聊之後才知道，少爺在夏令營多次必須掌廚，似乎有被稱讚，自信心爆表，瞬間對食物多了敬意，還想多學幾道菜明年回去賣弄賣弄。那晚在餐桌上，我注意到少爺竟然把青菜都吃下肚了，還很假掰地學食評家發表對於當晚菜色的味覺體會等等，不知是不是在夏令營被餓到，總之是非常奇妙的轉變。

最近還聽到一個覺得有趣的挑食故事，是關於秋葵。這位不喜歡吃秋葵的朋友是個黑人，可是很多黑人食物裡都有秋葵，像是秋葵燉肉、秋葵湯、茄汁秋葵等等，所以不喜歡吃秋葵的黑人就有點像不喜歡吃豆腐的台灣人。雖然也不會說完全無法想像，但是確實激起我的好奇心，於是我問他：「你從小到大難道媽媽做菜不放秋葵嗎？」

他說：「放啊！我媽最愛放秋葵在牛肉湯裡！而且每次都會燉一大鍋，我們全家要吃兩、三天才會吃完，幾乎每星期都會燉一次，操！」

「那……怎麼辦？她會把你要吃的那份分開煮嗎？」

「才不會！她會逼我吃下去。」

「所以從小吃到大你還是討厭？」

「恨死了！我甚至覺得是因為她逼我吃才造成陰影的。小時候都直接像是吞膠囊一樣直接整根吞下去，因為咬開了就會有那個噁心的黏液，我寧願噎死也不願意咬秋葵！我就連聞到鄰居煮秋葵的味道就想乾嘔。」

朋友講著講著打了個冷顫，秋葵似乎真的造成他不小的心理創傷。

「現在偶爾回家看我媽，還是給我煮秋葵，但她沒辦法再逼我了。我只要聞到秋葵的氣味就會立馬走出去吃麥當勞。」

這個故事很妙，讓我想到一段自己的童年往事。我也曾經被逼著吃不想吃的東西，結果幾乎與這位朋友完全相反。小時候，我爸媽都工作到很晚，所以下課我會去阿姨家吃晚餐。我那個阿姨非常愛滷三層肉，每個星期都會滷一大鍋，順便滷筍絲、滷蛋、豆干之類的，滷一鍋吃三天。小時候的我完全不敢吃肥肉，但是阿姨全家都愛吃，寄人籬下也沒辦法，於是晚餐上桌的時候我總是只挑滷蛋跟筍絲吃，裝進我碗裡的三層肉就趁阿姨不注意偷偷塞到表姊表妹的碗裡。如果她們都吃飽了，我就會含在嘴裡，然後假裝要去上廁所趕快吐掉。有一次被阿姨抓包，她超生氣，站在我面前硬逼我把那塊肥肉吞下。我吞下去後覺得一陣噁心，幾秒鐘內在飯桌旁全吐了出來。阿姨火冒三丈，一邊揍我然後再逼我吃進更多肥肉，後來的晚餐就在我邊吐邊哭邊挨揍之下不了了之。

聽起來我應該會對三層肉十分有陰影對吧？但幾年後，我不知為何胃口轉變，變得超愛吃滷肉的！

明明就是聊食物，不懂為什麼會搞得這麼暗黑，我再講一個開心一點的挑食故事好了。

大約是小學的時候，我家樓下新開了一間麵包店，有一次可能是同學生日之類的，媽媽在麵包店買了幾個巧克力蛋糕捲，巧克力海綿蛋糕裡面夾著鮮奶油餡，外面還鋪上很多的巧克力豆。我第一次吃到的時候簡直驚為天人，整天茶不思飯不想，就只想著蛋糕捲。晚上媽媽下班的時候，我一臉嚴肅地跟她說：「麻，我今天做了一個很重要的決定。妳一定要答應我，妳不答應我，我不跟妳講。」

我媽不覺得一個小孩會有什麼了不起的事要宣布，於是她就說：「好啦，妳要講什麼？」

「我決定……從明天開始，每一天早餐都要吃那個巧克力蛋糕捲。」

我超驚訝我媽竟然沒有仰天長「笑」說：「妳最好是啦！」奇妙的是，隔天早上我的床邊就出現了蛋糕捲。我欣喜若狂地吃著蛋糕捲，覺得人生贏家不過如此，一邊不忘提醒我媽：「明天也要買蛋糕捲喔！」接著隔天，再隔天，再隔一天，每天早上全家人都在吃饅頭夾蛋、美而美或是清粥小菜時，我媽都遵守這個莫名其妙的諾言買蛋糕捲給我吃。我就這樣義無反顧地吃著那個蛋糕捲……我沒騙你，吃了整整三個月！

三個月過後的某一天，我再次一臉嚴肅去找我媽。

「媽媽，我今天做了一個很重要的決定。我決定我這輩子，再也再也再也不要吃那個蛋糕捲了！」

我媽笑了：「喔，謝天謝地！我以為妳頂多吃一個星期，妳竟然可以吃那麼久！」

話說我長大後對甜食超無感的，或許跟這件事有點關係。

聽說一個人的味覺會隨著時間改變，很多人都承認自己小時候不敢吃的食物，長大之後卻愛不釋手，例如臭的乳酪、濃的威士忌等等。聽說是因為人從一出生開始約莫有一萬個左右的味蕾細胞，隨著年紀增長，很多味蕾細胞會漸漸死去，也就是我們的味覺會變得越來越「遲鈍」，以前覺得無法接受的味道，現在嚐起來卻溫和許多。曾幾何時，我也像很多人一樣，從厭惡到變成喜歡羊肉，所以說挑食確實是心理跟生理共同激發出來的火花。大家或許可以從今天起做個小實驗，不時提醒自己凡事多嘗試。曾經試過的東西？再試一次！不喜歡的食材？用新的烹調方法試試看，不喜歡就算了！誰知道呢？或許你的身體有一天會讓你大吃一驚。

秋葵燉肉（馬非咖哩）

正宗馬非咖哩通常會把秋葵跟肉整鍋燉煮，黏黏滑滑，說實在賣相真的不太好，但其實很美味。我不得不同意那位痛恨秋葵的朋友，很可能就是秋葵毀了馬非咖哩的一世英名。要是沒有秋葵，也許這道咖哩就能跟泰式和印度咖哩一樣聞名全球。

這道來自非洲西岸的燉肉料理加了很多異國香料，但別擔心，若是無法找齊所有的香料，使用綜合咖哩粉取代即可。馬非咖哩就像台灣的肉燥，在非洲，家家戶戶都有不同的版本。有些人家完全省略香料的部分，單靠番茄與花生做為主味，也有些人會在咖哩快燉好前的三十分鐘加入地瓜、胡蘿蔔、茄子、高麗菜等家裡剩下的蔬菜一同燉煮，看來燉大鍋肉來清冰箱是沒有國界的！這道料理雖然看似步驟繁多，但只要按照我的食材分類法先進行第一步的備料，接下來就會十分得心應手。

6-8 人份

醃肉 A

花生油 2 大匙

牛肋條 1.5 公斤（2.5 台斤），也可用雞肉、螃蟹、魚蝦等任何你想要的肉類

洋蔥 1 顆：切小丁

鹽 2 小匙

市售濃縮番茄糊（tomato paste）半罐（80 公克）

湯底 B

無糖花生醬 1 杯

高湯 4 杯，可用清水取代

醬油 1 大匙

紅甜椒 1 顆：去蒂去籽並切成粗塊

番茄 2 顆：切四等份

醃料 C

洋蔥 1 顆：切四等份

薑泥 1 大匙

蒜頭 5 瓣

紅辣椒 2 支：去蒂並切成三等份

鹽 1 小匙

香料 D

香菜籽粉 2 小匙

薑黃粉 1 小匙

孜然粉 2 小匙

黑胡椒粉 1 小匙

葫蘆巴粉（fenugreek powder）1 小匙

丁香 5 顆

肉桂棒 1 支或肉桂粉 1 小匙

盛盤配料 E

秋葵 10 支：切粗塊

香菜適量：切末

檸檬 1 顆：切四等份

熱米飯 6-8 人份

拿出家裡最大的燉鍋，豪邁地倒入 A 的所有材料後用手均勻按摩，短暫醃製備用。

先將 B 的花生醬倒入不沾鍋，小火乾煎約莫 5 到 10 分鐘，過程中需要不停翻拌，以免花生醬底部燒焦，直到鍋中散發出香濃的花生焦糖香即可取出。

把 B 的其他材料與炒好的花生醬放入果汁機，攪打至滑順均勻的質感，置旁備用。

把 C 的所有材料放入果汁機打成泥狀，若太濃稠可以加一點 B 稀釋。

把 D 的所有香料放入小碗攪拌均勻。買不到的香料就用等量的咖哩粉替代，若是能找到兩種不同品牌的咖哩粉混合使用更佳。

將切好的秋葵用電鍋蒸 10 分鐘後取出，與 E 的其他材料一起置旁備用。

開中火，將燉鍋裡的醃肉 A 煮至五分熟。

在燉鍋中加入香料 D，拌炒 1 分鐘，喚醒香料的香氣。拌炒過程中若覺得太乾，可以再加入 1 大匙的花生油。

開始冒出香味後，在鍋中加入醃料 C，蓋上鍋蓋，小火燉煮 30 分鐘。醃料中的水分可以幫助融化一些黏在鍋底的好料，提供更有深度的味道。

加入湯底 B，繼續小火慢燉 2 小時，直到肉塊入口即化。我喜歡在前 1 小時上蓋燉煮，後 1 小時開蓋燉煮，讓咖哩略微收汁。

若是咖哩表面浮出油脂與浮沫，煮好之後用湯勺盡可能撈除。咖哩與燉肉類的料理隔天吃往往比當天更入味，而且放入冰箱隔夜再拿出來更容易撈除雜質，一舉兩得。

搭配白飯和清蒸秋葵，依個人口味灑上香菜與檸檬汁即可享用。

客戶獵奇

這篇文章可能是我所有文章裡最能代表本書的精髓了，累積了我十年來在好萊塢上流社會打滾的血汗經歷！俗話說經一事、長一智，現在的我比當初遇到這些客戶時還要睿智許多，不好的客戶也全都放掉不眷戀了，但依然想來大清算接過各種奇怪的客戶。基於職業道德以及我的人身安全，我沒辦法指名道姓，以下化名全部按照英文字母順序排列，不是本名縮寫，沒有暗示！大家就省得猜測了，我口風可是很緊的（笑）。

A：被寵壞的厭食症

榜上第一名絕對是客戶 A。多年前客戶 A 請我去家裡做菜，一開始是因為她的小女兒有「厭食症」。厭食症普遍被醫學專家認為是心理因素，其中又可分為只是單純不想吃東西，又或者吃完會硬性催吐兩種症狀。A 在電話裡頭與我轉述小女兒除了厭食、輕微催吐之外還很挑食，短短幾個月內已經瘦到皮包骨，荷爾蒙失調，下腹部開始長出一些類似鬍渣的粗短小黑毛。我畢竟不是醫生，連長毛這件事都告訴我是否有點過度分享，見仁見智吧！

A 寫了一張清單給我，上頭列舉了女兒願意和可以吃的食物，希望我能夠從這短短的清單裡變出一些新的花樣，讓女兒能轉換心情跟全家人一起用餐。

清單：

辣味涼拌生鮪魚壽司

義式燉飯（只放鹽與胡椒）

藜麥（只放檸檬、橄欖油、鹽與胡椒）

花椰菜

酪梨

雞胸肉凱薩沙拉

味噌湯（不加蘑菇）

餛飩湯

生火腿與瑞士乳酪可麗餅

炸薯條

我看了這張清單之後大冒汗。什麼厭食症啊？根本就是被寵壞了吧！我記得小時候如果挑食，我媽就會說好啊，不吃拉倒，才不會幫我找什麼厭食症這種藉口，還特地請一個私人廚師咧！

總之，我開始解構這張清單裡的食材，東拼西湊也給我湊出了不少能夠煮的菜色。第一天去他們家上班，我做了生鮪魚壽司手捲、味噌湯，烤花椰菜與凱薩沙拉。反應不錯，我立刻被錄用。

我開始一週去 A 家三天，對當時窮困半工半讀的我來說，這筆收入十分可觀。然而清單上面可用的食材很快就開始出現重複，唯一的蔬菜只有花椰菜，總不能天天煮花菜吧？我試著打破清單的限制，開始用小女兒喜歡的口味引薦新的食材，譬如她明顯是喜歡味噌，也喜歡凱薩沙拉裡的蘿蔓生菜，那用味噌做和風口味的沙拉醬，把蘿蔓生菜切成細絲，加上細胡蘿蔔絲和酪梨一同攪拌，這樣也是一道清爽的蔬食。這樣溫柔地引薦熟悉的口味，一點一滴在每餐少量加入新的食材，讓我在 A 家裡獲得許多滿意的評價。厭食症小女兒也開始正常吃飯，兩週內體重上升了兩公斤半，一個月後增加四公斤，荷爾蒙失調的問題逐漸改善。當時我好得意，覺得自己做了好事一樁。

一個月後，A 語重心長找我開會，她說：「我很擔心妳做的這些食物……如果我女兒四週胖了四公斤，那我們這些跟她一起吃飯的人不就肥死了？」

我真的不知道該說什麼，只回了：「妳可以嘗試少吃一點……」

A 繼續碎碎唸：「我當然也是希望女兒身體健康，但妳知道我的工作，我是在時裝界打混的，我們這行身材很重要。妳可以從今天開始做少油低卡的食物嗎？」

我努力抑制眼白往腦後翻的衝動，答應她：「好的，沒問題。」

給一個正值叛逆期的挑食青少女低卡少油的飲食，你乾脆直接把手指塞進她喉嚨幫她催吐算了。果然，餐桌上沒有人添飯加菜，每個人都是苦著臉勉強把盤中食物挑三揀四，乾瞪著眼把晚餐時間瞪完。

某一天在廚房煮飯煮到一半，聽到客廳傳來爭執的聲音，大致的內容是這樣：小女兒是頗有名氣的 YouTuber，問 A 她的妝容上鏡頭 OK 嗎？ A 看著女兒，一臉厭惡地說妝太濃了，看起來顯老，接著又落井下石地說妳一定是不吃東西，荷爾蒙失調，皮膚才變這麼差，一點都不像剛進高中的少女。A 的老公聽到這段對話，破口大罵，指責老婆才是造成女兒厭食的原因。我一方面尷尬地在廚房切菜洗碗，一方面心想這個客戶真是不接也罷。

做為一個廚師，對美食的熱愛怎麼衡量？世界上永遠都存在挑食的人沒錯，但如果我煮飯的對象本身是討厭食物，懼怕美食，那不是等於否定我所有的工作成果嗎？一場打不贏的仗，幹麼要打？我跟 A 說我要回台灣看家人，隨便編了個理由說我可能會在台灣久待，請她另請高明。離開她們家的時候，我回頭看最後一眼，雖然是棟美輪美奐的豪宅，但整個家裡烏雲密布，住在裡面只是等著風濕關節炎發作。老娘搬到洛杉磯是為了發光發熱，於是揮揮衣袖，投向加州的陽光。對於離開，我向來一點也不留戀。

B：到底誰的食譜

有段時間我跟一位營養師 B 合作，B 出了幾本跟營養學有關的書，經營小有名氣的部落格，分享對於減重排毒的科學新知，累積了不少在意身材的好萊塢名流和少奶奶客戶。但 B 只會紙上談兵，她有許多關於食療的理論，對下廚卻一竅不通。她發現越來越多客戶不是真的想學如何吃得健康、吃得曼妙，其實有錢少奶奶就只是想請個廚師，按照 B 的食療理論替全家人下廚，於是問我願不願意接這些客戶，去這些人家裡下廚。

基本上 B 的食療方法與坊間形形色色的減重理論大同小異：少鹽少油，無糖低卡，戒乳製品與碳水化合物等等。如果這樣吃東西，不瘦都難，也難怪她有一卡車的粉絲。我同意接手這些客戶之後，便開始大量搜尋美味的低卡食譜，替 B 的客戶設計菜單，一來一往直到三方都滿意之後，才到對方家裡做菜。大部分試吃過的客戶都想再吃，我的一週七天就這樣輕輕鬆鬆排滿工作。我當時開著一輛很老很破的 Kia，穿梭在洛杉磯最富有的巷弄間，到有的客戶家工作一個晚上四小時，光是小費就付給我三千塊台幣。即使每天都要花一、兩個小時上網研究健康菜色，但那段時間是我第一次不用煩惱下個月的房租，也不用伸手跟媽媽要錢。那年過年回台灣，竟然還能夠包紅包給爸媽，有一種終於熬出頭的爽感。

B 發現她的客戶對我的服務叫好叫座，有天發來了一封電郵，內文大意是向我要這些日子我做的所有食譜。我回信說明不方便提供，因為首先，我做菜不全然靠食譜，而且這些日子我做過的菜動輒好幾百道，誰有這種閒工夫去整理。再說，食譜都提供出去了，還有誰需要請我去家裡做菜？

我詢問 B 究竟需要這些食譜的原因為何，她才支支吾吾地解釋來意，說她當初與客戶簽約時，答應日後會補上一些簡易又符合食療準則的家庭食譜，這樣當我沒空去報到的時候，他們依然可以自己（或請傭人）在家做。加上有些客戶「要求」她提供這些菜餚的營養成分表，她必須進行換算。她順便暗示我，說要不是因為她，這些客戶也不會找上我這邊來，而且我做的食物全都是根據她的理論在執行，希望我能夠加減提供一些食譜，好讓她能跟客戶交差。這個說法我稍微可以接受，於是某天休假，我花了好幾個小時整理了一些還算簡單的食譜給她，想說這樣總可以讓她閉嘴了吧。沒想到 B 這個人收到食譜之後竟然得寸進尺地說：「太好了，感謝，之後每個星期請妳也隨手把做過的食譜寄過來。」

各位觀眾，老娘當時還滿菜的，剛剛打進好萊塢名流圈，不知道如何拿捏底線，一方面也很感激且珍惜人生第一次經濟獨立的機會，於是我就照 B 的意思，之後的幾個週末休假日，我就把食譜整理寄給她，深怕如果不這樣做，她會把客戶從我手中拿走。

又過了幾個月，B 來電說有一個大戶想要找長期的私廚，興致勃勃地跟我說這個客戶有多優質，老公是福斯片廠的總監，太太是個性爽朗又隨和的大好人云云，如果試用成功，我甚至可以不用再跑遍洛杉磯去接一些打游擊的客戶，直接服務他們一家人就搞定。我滿心期待地去這個大戶家面試，這輩子第一次看到如此漂亮的別墅，太太真的是人好又爽朗，隔天就被錄取了。接下來每週去她們家上班三天。有天太太從廚房拿出一個剪貼簿，上面密密麻麻全都是食譜。她對我說：「這些都是 B 的食譜，妳有需要也可以拿來參考看看，裡頭有很多菜我們家都喜歡。」

各位猜猜看那些都是誰的食譜？

照這樣來看，應該不少洛杉磯名流的廚房裡都躺著一本老娘從沒出版過的食譜。他媽的 B。

C：地下室的髒廚房

這位大概是我這輩子做私廚接過最出名的客戶，光是進入他層層堡壘的豪宅，不但要接受身家調查，還要簽保密協定。這保密簽得滴水不漏，我不但不能分享在 C 家裡看到、聽到或不小心撞見的大小事，連這個客戶的名字都不能放在自己的履歷上，無論是現在還是未來。合約上清楚寫明「此合約一輩子有效」，也就是說即使我不再幫他工作了，依然不能說自己曾經幫這個人工作過。真他媽有夠神經。話說回來，再怎麼大牌的客戶，如果不能放在履歷上，有什麼意義呢？

剛剛說 C 家是「層層堡壘」，讓我來描述一下。其實我並沒有那麼幸運可以看到整個豪宅的全貌，網路上說他家後院有一座葡萄園，用來釀自家的葡萄酒，但是本人我基本上是沒辦法四處閒晃，也沒有人這麼好心敢帶我四處走逛。豪宅四周都有「天眼」，不僅有攝影機監控路過的行人，還有二十四小時待命的保全隨時可以用廣播與你隔空對談。只要我一停好車，接近豪宅入口一百多公尺左右，連電鈴都不用按，立刻就有保安人員會從天而降用廣播詢問我的大名和來意。在這之前，我必須先跟英國籍的女管家報備我今天會抵達的時間和我的車牌號碼，她會把我放入訪客名單裡面，這樣才算完成「通關」手續。美國絕大部分有錢人請的都是拉丁美洲裔的工作人員；財力越雄厚的，請的管家英文越溜，但都還是有些西班牙腔；財力稍微薄弱一點的，與他們的管家溝通有時會有些吃力，但拉丁美洲的工作者大部分都很勤奮耐操，而且工錢划算，很少有錢人能抗拒這麼好的組合。唯獨 C 家的工作人員，清一色都是英文流利的白人，而且說到管家，有誰比英國人更適合做管家一職呢？看看蝙蝠俠就知道了！

我在C家的工作內容，不外乎就是準備女主人與男主人需要的食物。女主人愛吃辣，但男主人口味清淡，所以需要設計兩份菜單。C家與我其他客戶不一樣的地方，在於我不能直接與主人溝通。我的工作和菜單內容都要經由女管家傳話得來，如果我有疑問，也必須把問題精簡到三個問題以內，否則會造成女管家很多不必要的困擾。這樣傳話如果多傳了幾次，也會給客戶一種「你很煩」的印象，所以通常電郵一來一往各一次，臨時有什麼需求簡訊上再傳一次，僅此為止。如果沒有得到答案，就只能自己依照情況做決定，剩下的就看個人造化了。

據管家說，C家的女主人有很多很多的食譜收藏。我第一次去她們家面試的時候，管家打開一扇小門，裡頭大概是一間單人房大小的櫥櫃空間，四面牆上全都是女主人蒐集的食譜。對於食譜情有獨鍾的我當然看得目不轉睛，每一本都想翻開來瞧瞧。管家指出一區「主人最愛千錘百鍊不失敗家傳食譜」，十幾本厚厚的檔案夾裡頭，有些是用手寫的、可能是奶奶的祖傳食譜，也有可能是鄰居阿姨的祕笈，有些則是雜誌裁剪下來，但每個食譜都有明顯手動修改一些配方的痕跡，顯然這些食譜確實都經過試煉。管家跟我說，女主人會從這些食譜裡面挑選她這個星期希望我做的菜餚，我只要原封不動地按照她的期望做出來就可以了。當然，歡迎我給予建議，但我試了幾次幾乎都被打槍。反正C現在就是懶得下廚了，但依然希望有一個「幽靈廚師」可以把她曾經試過好吃的東西做出來即可。

對於一個廚師來說，這樣的工作模式固然輕鬆，但是自由度不高，成就感也不高。拿人手軟，我秉持著客戶至上的原則來滿足他們，但要說這是我最喜歡的工作內容嗎？ C 家真的排不上名。

這裡的工作環境還有另一個很不一樣的地方，就是他家有兩個廚房。一個廚房在一樓，搭配美景與落地窗，美輪美奐，幾乎沒有使用過的痕跡；這是主人用的廚房。另一個廚房，也就是我使用的廚房，則是在地窖裡。我必須經過石磚搭建的酒窖，經過（工作人員專用的）廁所，再穿越凌亂的工地（可能家裡正在整修吧），最後抵達這個沒有窗戶也沒有風景的地下廚房。我後來才知道，這個在老派的豪宅裡稱做「髒廚房」（dirty kitchen），也就是真正拿來使用而且可以弄髒的廚房。

髒廚房後面有一個小樓梯可以前往一樓，直通主人用的廚房，方便我把做好的食物送上樓，放進主人專用的冰箱。主人廚房裡有一些比較專業的烘焙器皿，如果我有特別需要，也是得上樓取得。說到這個「上樓拿東西」，也是有很多規矩的。有好幾次我大剌剌地準備要去樓上的廚房拿東西，打掃阿姨們一看到我準備上樓的動作，緊張兮兮地趕緊拿起對講機，詢問其他人是否知道主人的動向，一面側耳傾聽樓上有沒有主人的聲響。我後來才漸漸理解，原來 C 家主人跟僕人沒有必要不會共處一個空間，說是尊重主人的隱私，但我是覺得有點太超過。如果你今天回到一塵不染的家，自己一根手指頭都沒有動過，想當然你家裡有很多員工在替你服務。這種希望家裡沒有外人的「假象」，某種程度也太強人所難了吧。

做了幾次菜，其實滿喜歡這個髒廚房的，因為與世隔絕，不用擔心做菜的時候製造很多噪音、油煙，也不用煩惱有人會盯著自己做事，渾身不自在。如果我有什麼食材忘記買，只需要用對講機告訴管家，立刻就有金髮碧眼、身材曼妙，可能還是他媽哈佛畢業的專業跑腿人幫我去店裡買回來。我唯一需要做的，就是把做好的食物整齊地放入設計感十足、成雙成套的玻璃器皿，用專用的食物標籤寫下菜名和加熱須知，交給管家讓她拿上樓放入冰箱。有時候我發現管家會把我已經寫好的食物標籤撕掉重新寫一次，有一次我問她為什麼要重寫，她跟我說：「喔……抱歉啦，不是妳的錯，但是主人他們喜歡工工整整的字體，稍微一點草寫都不行。」所有的細節都要到位，這就是 C 家的標準。聽起來有點龜毛，但這份工作我不需要伺候誰，事情做完還有人幫我洗碗，拍拍屁股直接下班，即使我的手寫字被嫌棄，誰在乎？就算了吧！

某天我接到訊息，終於可以離開髒廚房，到地表拋頭露面了！

C 先生有許多親生的與領養來的兒女，大女兒已經成家，想在自己家裡舉辦一個萬聖節家族派對（但不想自己做菜）。我被告知先在C家的髒廚房準備好食物，再開車把食物拿到大女兒家。大女兒家的廚房當然也是絕美精緻，開放式中島、落地窗什麼的，該有的都有，但她並沒有兩個廚房（我想正常人應該都沒有兩個廚房）。我默默把食物用最澎湃的方式在中島上一字排開，這種風格的派對叫做家庭式自助餐。賓客開始陸續現身，我的眼角餘光看到了C先生與C太太，這是自從我被他們僱用以來第一次見到本尊。

出乎我意料之外，C太太遠遠地朝我走來，伸出溫暖雙臂呼喊：「廚神！妳能來真是我們莫大的榮幸啊！」她一個擁抱緊緊將我圍住。雖然我是一面道謝，一面狗腿地大讚她給我這個機會云云，但心裡其實翻了好幾個白眼……妳抱我抱得這麼緊，但事實上我每個星期都在妳家的地下室工作啊！也沒看妳來打過一次照面，連溝通都要靠第三者傳話，這種噓寒問暖的熱情只是做給外人看的吧？

D：又愛又恨洋蔥湯

其實已經忘記客戶D是如何找上我的了，只記得有天接到一通電話，對方口氣充滿誠意地表示她才剛經歷一場手術，身體種種不適，希望我在康復期的這一個月幫她準備晚餐。當時我其他客戶正好出國度假，心想也沒事做，幫這位負傷的婦女工作也好。

D 家位於洛杉磯海邊一個同樣叫做「威尼斯」的城市，其美名來自於約莫一百多年前，一個知名建商亞柏・金尼（Abbot Kinney）因為忘不了義大利本尊威尼斯的風景，決定在美國西岸的小鎮也建造出類似的運河景觀，不同之處在於洛杉磯威尼斯運河旁全都是豪宅，只有最有錢並且重視閒情逸致的富有人家才能在這片小小的美國威尼斯運河上生活。

在 D 女士家裡工作一開始還算輕鬆，我隨口建議了一些菜單，D 都很隨和接受，並且每次下班她都會當場簽支票給我，還外加一張一百美金的小費。原定一個月的工作期約過後，她問我是否還願意續約下去，這樣豪爽大方的僱主，我二話不說欣然答應了。

第二個月開始，D 的小費越給越少，原本每次工作都有一百塊小費，後來漸漸變成一個星期才給一百，又後來變成七十、五十。其實當私人廚師不一定會收到小費，所以我也就當成一開始走運，現在恢復正常這樣。但接著 D 開始有一些眉眉角角的怪癖，譬如她非常討厭洋蔥的氣味，卻又非常喜歡食物裡放洋蔥。當我在廚房從袋子裡拿出洋蔥，D 就會緊張兮兮地告誡我抽油煙機要開，門窗也要全部打開，甚至會不斷從自己位於三樓的臥室，穿著睡衣跑到位於一樓的廚房，問我抽油煙機有沒有確實開到最高速。洋蔥遇油所散發的氣味，對許多人（包含我自己）都是最迷人陶醉的香氣，然而在 D 女士的嗅覺裡，這是令人頭暈想吐的味道。究竟為何她依然喜歡食物裡的洋蔥？我真的百思不得其解。有的時候洋蔥甚至根本還沒有入鍋，僅僅是在砧板上切絲切丁，D 女士竟然說從她三樓的臥室都能夠聞到，影響她午睡。

有一天 D 問我：「妳可不可以煮我最愛的法式洋蔥湯？」

我說：「當然。」

「但是我可不可以麻煩妳在家煮好之後再拿過來？」

「沒問題。」

法式洋蔥湯是我在 D 家每隔一、兩週都要做的招牌菜，這道湯品全部的味道幾乎都要靠洋蔥長時間的燉煮來堆疊，四人份的小碗洋蔥湯大概就要使用四到六顆新鮮洋蔥。這些洋蔥切絲之後，經過中小火長時間油煸，從原本如白玉般清脆的質感，變成半透明，然後金黃，再轉為深黃，這過程大概要四十分鐘到一小時。洋蔥會從原本佔據了整個鍋子的容積，漸漸融化得無影無蹤，成為鍋底的一部分，最後加入高湯、乳酪與麵包即完成。非常耗時費工，成品又只能收穫四小碗，但在做這道菜的時候你的全家，喔不，是整條巷子都飄散著濃郁的蔥香與奶香。我能想像 D 女士已經對這個氣味忍耐了無數週，那天終於決定向我提出在家先做好的要求。

除了對洋蔥的愛恨情仇之外，D 另外一個讓我最不解的怪癖，就是她喜歡吃一種奇怪的速成牛角麵包。這個產品是美國六〇年代為了方便家庭主婦所發明出來的經濟實惠速成冷凍麵團，已經揉好並且切割成型，用滾筒狀的方式真空壓縮存放在一圓柱狀的管子裡。食用方式就是把這個圓柱狀的管子用刀子切一個小洞，接著雙手一扭，裡頭的空氣會瞬間爆裂把這個圓筒包裝撐開，像是放鞭炮一樣，接著便可以輕易將麵團取出，經過簡單的塑型之後就可以放入烤箱烘烤。這種牛角麵包雖然打著濃郁奶油餐包的招牌，但絲毫沒有任何乳製品，充滿著反式脂肪與化學添加香精。基本上我覺得這就是美國人版本的泡麵來著，一個滋養著心靈但是對身體毫無益處的方便碳水化合物來源。有人願意花錢請我去她家幫她泡泡麵，雖然也說不上是壞事，但總是覺得很心虛。

D 女士對於這個速成牛角麵包有很多意見，她只願意吃某個品牌的某一種口味，即使是同一個品牌，如果買錯了，她不但無法下嚥，還會發狂罵人。有一次，附近的幾個超市都沒有她平常吃的「經典奶油」口味，現場只剩「香濃奶油」口味，我當下決定就買這個了，聽起來這兩個應該差不了太多吧？喜歡吃奶油的人應該對於更濃郁的奶油味不會感到反感吧？錯！大錯特錯！

那天晚餐出爐後，我在廚房裡準備收拾殘局，D 女士氣沖沖地踱步到廚房，問我是不是買了不同口味的牛角麵包。我一時反應不過來，她瞬間已經像得了狂犬病的瘋狗一樣狂翻垃圾桶，終於給她翻到了牛角麵包的包裝殘骸。她嚴正地說：「妳看！香濃奶油不是經典奶油，香濃奶油全都是奶油香精的添加物，這我一吃就知道！」雖然我很想跟她說，小姐，拜託一下，妳知道每一個口味的速成牛角「都是」化學香精嗎？但當下我只有自己認虧，跟她道歉，還幫她晚餐打了折扣。

我與 D 女士還有另一個插曲值得記錄：她會與她的狗用流利的法文對話。有次我實在好奇不過，問她：「妳的法文講得真好，妳是法國人還是曾經在法國長居？」沒想到 D 女士給我的回答竟然是：「喔不，我法文是幾年前才學的，因為我前夫為了一個法國女人拋棄了我，現在有時候過年過節，為了孩子跟孫子我們會聚在一起。我單純只是想知道他們有沒有在背後說我壞話，就學了法文。我跟妳說，人做什麼事情就是需要動機，有動機就什麼事情都可以學好！」

瘋婆娘一個。

E：上流社會好狗命

說到狗，上流社會的狗比人好命已是司空見慣的常態。大多數的有錢人除了管家會幫忙照顧狗，還會請狗保母，請專人帶狗爬山，到府替狗美容。我接過一些工作像是（寫給人看的）狗狗美食雜誌，要烤狗蛋糕、狗餅乾用來拍照，只差沒有專訪狗本人吃後感想。但是這些溺愛狗的狗奴，都比不上我這位客戶 E 來得令人瞠目結舌。

客戶 E 人並不差，就是愛狗愛得誇張。家裡的兩隻狗除了上述的到府服務，還有專人陪伴。E 告訴家裡的工作人員，不管狗是睡是醒，最長不能超過三小時沒有人看管。有時候他們全家出國度假，可憐的打掃阿姨必須住在他們家裡陪狗，無論颱風下雨，佳節團圓日，她都不能離開工作崗位超過三小時。

他們家有一條年邁的拉布拉多，關節多處發炎，走起路來一拐一拐，精神欠佳。雖然看起來令人心疼，但也沒有其他致命的病痛，我一直覺得這不過就是老狗的命運吧。直到有一天上班，E 向我介紹一位到府服務的「狗針灸師」（跌破眼鏡音效）。針灸師把老狗帶去客房，開始在狗身上扎滿針。老狗從頭到尾都沒什麼反應，靜靜地躺在一旁。E 點頭如搗蒜說：「針灸幫助牠放鬆很多，而且針灸完牠走路比較順暢，真的是好神奇的功效！」我個人是看不出什麼差別，但有好一陣子，針灸師每週都會來家裡好幾天。

E 想盡辦法要救這隻年邁的老狗，什麼蒙古大夫的偏方都試遍了，有一陣子還要我與打掃阿姨輪流去買一種冷門藥材，據說是印地安人醫治關節炎的古老配方，叫做滑榆木（slippery elm）。不要問我究竟是如何找到這個荒謬的滑榆木，當老闆指派給你一個任務，想辦法達成就對了。這個滑榆木的質地跟我們的愛玉有點類似，買到的產品是已經脫水磨成粉的樹根，拿去與清水一同煮沸，煮得越久質地越黏稠，滑滑黏黏的，據說吃進身體可以保護與潤滑關節。我跟打掃阿姨每隔幾天就必須煮一小批這個黏液，方便加入老狗的狗糧。

試了各種江湖術士的偏方之後，E 決定再試一招：領養年輕氣盛的小狗！ E 在收容所做義工的女兒說，家裡新來的成員說不定可以激發老狗的玩心。我個人覺得這是瞎扯，對老狗來說是一大精神負擔吧？但也沒人問我的意見。頓時 E 家多了一隻活蹦亂跳領養來的小黑狗，E 說老狗的精神有大大提升！可憐的老狗，應該是盡最後的力氣鞏固自己的地盤吧？

領養來的狗有時很難預料牠們過去是否有什麼黑暗的心理創傷。E 領來的小黑狗有天發瘋，往我臉上狠狠咬了一口，害我下巴流血不止。但 E 絲毫沒有教養小狗的意思，把小狗一手抱起，又親又抱又撒嬌了一陣，然後回頭跟我說：「別擔心，我明天會打給小黑的教練，叫他再回來好好訓練牠幾週。」訓狗師通常價格不斐，他們會與狗同住好幾個星期，訓練牠們大小便、服從、簡單的口令動作等等，但他們也會先對飼主打「沒有一隻狗是一樣的」預防針，也就是不保證訓練成果。E 為了這隻用來激勵老狗卻非常失控的小黑狗，已經為牠買了數個月的訓練課程，但這隻狗依然連不能在家裡大小便（而且不能咬人）

這麼簡單的指令都無法達成。

「還有很抱歉，妳那個下巴，如果需要雷射整型的醫生，不用擔心，我安排我的整型醫生給妳，全都算在我帳上。」

所以養狗對 E 來說，除了糧食、醫療、人事費之外，是不是還得另外編列法律訴訟預算？你說狗命是不是真的比人來得珍貴！

我曾經聽過一個同樣生活在上流社會的前輩說過一句話：「用錢可以解決的問題都不是問題。」難以想像這些人無法用錢解決的問題會是什麼呢？

滑榆木狗燉飯

滑榆木聽說是印第安人的祖傳祕方，專治關節狀況不好的老人與老狗。有時候毛小孩年紀大了，胃口也大受影響，加入雞肉能促進食欲，燉軟的狗糧與白飯更容易入口，南瓜與地瓜對腸胃保健特別有利，橄欖油可以滋潤毛色，最後一些畫龍點睛的羅勒，除了增加香氣、賞心悅目之外，還有抗氧化、抗癌、鎮靜神經等功效。

中型犬 1 天 2 餐

清水 1.5 杯
狗糧 1 杯
雞翅 4 支
熟米飯 1/2 杯
滑榆木樹根粉 2 大匙
熟的南瓜泥或地瓜泥 1/4 杯
橄欖油 1 大匙
新鮮羅勒適量

取一小湯鍋，加入清水和雞翅，中火煮沸之後再滾 15 分鐘，然後將雞翅撈起剝絲備用。

在同一個鍋內放入滑榆木粉，煮 10 分鐘，與雞湯一同攪拌，直到產生黏滑的質感。

在平底鍋內倒入橄欖油，待油熱了之後加入狗糧與米飯炒至香氣撲鼻，約 2 分鐘。

倒入滑榆木雞湯，用中火拌炒，待狗糧軟化並且略微收汁即可離火放涼。

拌入熟南瓜泥，灑上羅勒與雞絲。

亞伯拉罕三部曲

首部曲

早上十點，我泡了一杯茶，心裡想著昨天喝到的一杯冷泡越南咖啡，香濃但不酸不苦，配著煉乳滑順得像水，像是用很好的山泉水，再用很好的濾心過濾一次又再過濾的冷開水，真好喝！下班之後再去喝一杯吧！

打開今天的工作菜單，反覆在腦中演練五個小時之後的工作內容：雞肉先用重鹹味的費塔羊奶乳酪與楓糖水浸泡，泡好了之後放進冰箱讓冷氣吹乾，乾了之後才能調味，調味之後要讓雞肉回溫，回溫之後才能煎香，做醬汁……

媽的，該死的雞肉。

比薩的餅皮要花些時間先做，但是加州現在天氣熱，做好的麵皮一不小心就會發酵過頭，究竟要預留多少時間做呢？一個小時？還是兩個小時比較保險？還是做好了先放冰箱呢？那倒是可以減緩一些發酵的時間，但是冰箱有足夠的空間嗎？

媽的，就一個半小時好了。

鷹嘴豆泥乍看之下頗簡單，五分鐘就可以做好，但是做好了又不能放進冰箱太久，不然會結一層硬皮，一碰就會有很醜的裂痕，口感也會受影響。不然用保鮮膜把豆泥與空氣接觸的部分仔細包好，等到要用的時候再漂漂亮亮地裝盤，最漂亮的方式就是一大坨率性地甩在盤子上，用小鏟子從旁邊到中間勾勒出一個漂亮的弧形，像是寫書法一樣，每次勾出來的形狀都不大相同。接著把橄欖油隨意淋上去，這些隨性的凹槽就會被翠綠色的橄欖油填滿，最後再灑一點亮眼提味的西班牙紅椒粉，真是充滿異國情調！

啊靠，上菜前還得花個兩分鐘搞這件事，不能把一道如此簡單的小菜一氣呵成，真是種令人不爽的感覺。

還有什麼？沙拉！沙拉真的是一頓晚餐裡面最靠北的菜，一道沒有人真心想吃的菜，但材料又莫名其妙地多，跟鷹嘴豆泥一樣，是無法一口氣完成的小菜，我連想都懶得想。

終於，我把菜單、購物清單與該記住的流程寫成小列表，印一份隨身攜帶，再寄到自己的信箱備份，最後複製到我的手機備忘錄。如此一來無論工作場地有沒有收訊（很多有錢人住的山丘都是訊號墳墓），手機有沒有電，還是手機不小心掉到馬桶裡，工作依然可以照常進行。他媽的，這樣總算萬無一失了吧！

有人說廚師脾氣特別壞，嘴巴又髒，我通常只有在規畫逐步清單的時候最浮躁，因為他媽的很多變因都要考量進去，一旦開始動手做菜之後，就雲淡風輕了。好啦，快到工作時間了，就別再罵髒話了。開著我的小破車，穿過蜿蜒的小路，路上滿地豪宅，手機訊號微弱，導航告訴我即將抵達目的地。今天是第一次拜訪這個客戶，人生路不熟，必須放慢速度找門牌。是這棟俗氣的房子嗎？還是那棟俗氣的房子呢？忽然眼前出現一棟白牆深灰框的木造別墅，確認了門牌號碼，嗯，不俗氣，一點都不俗氣。

第一次走進去的時候，我覺得自己走進了白宮。

哇幹操他媽的雞胸肉！那……該不會是……J.J. 亞伯拉罕吧？！（說好的不罵髒話呢？）

二部曲

我不敢相信我現在人正在 J.J. 的家裡。J.J. 是我數一數二欣賞的導演，一來是因為他拍的科幻片很有深度，二來是他的名字很屌，每次追他拍的電視劇，結局力道令人回味無窮，覺得好看死了，然後這時片尾緩慢浮上「Directed by J.J. Abrams」的瞬間，就是霸氣啊！

搔頭回想，我究竟是何德何能接到了這個大戶？時光倒轉，一個星期前，我的熟客 S 太太問我：「有個朋友想在家裡辦個聚會，臨時找不到人，妳有辦法幫她嗎？」我當時其實已經很滿意工作現況，一週兩到三天做私廚，其餘時間全拿來接食物造型的工作，所以打算禮貌地回絕。但 S 太太不放棄，繼續說服我：「她是我的超級好朋友，而且人很好欸！我有預感妳真的、真的、真的會很喜歡幫她工作，考慮一下嘛！」我這個人就是吃軟不吃硬，「真的」都講三遍了，實在沒辦法拒絕。

這位「人超好的好朋友」，原來就是 J.J. 的老婆。我的客戶很調皮，故意不給我這些資訊，一直到我走進 J.J. 家之前，我都完全被蒙在鼓裡，不知道接下來會發生什麼事。

進入 J.J. 家的廚房，首先看到兩個桌球台那麼那大的白色大理石中島、六個爐子、兩個烤箱，還有一個鐵板燒專用的平面煎台。廚房有整排的窗戶面向花園，採光好到不擦防曬不行。我大致熟悉了鍋碗瓢盆及基本調味料的位置便開始工作。今晚的聚會有八個大人加十個小孩，從前菜到甜點一共有十道菜，包括綜合乳酪拼盤、各種可以沾蔬食的手工抹醬、一壺調酒、兩道生菜沙拉、兩道澱粉主食、一道烤雞、各種口味的手工比薩、手工餅乾與熱巧克力醬，準備工作繁瑣而且份量又大。我工作習慣把採買的食品先從購物袋拿出來一字排開，接著根據菜色把它們分門別類聚在一起。這個中島超大，我可以用一半的空間來晾食材，依然有一半的空間可以切菜備料。通常第一次使用一個陌生的廚房，必須花些時間習慣動線，手腳沒辦法像在熟客家一樣俐落，也難免會燙到手或是切到指尖，但只要深呼吸，專注在眼前的任務，一切就會水到渠成，至少我當時是這樣想的……

前三個小時時間過得飛快，切切菜、削削皮、醃個肉，一下就過了。檢查我的工作清單，一切似乎都上了軌道，沒有進度落後的跡象。距離晚餐大約還有一個小時，這時J.J.走進廚房正式向我自我介紹：「嗨！我是J.J.，今天真感謝妳來。聽說妳之前在『米羅與奧立佛』工作過，妳在餐廳負責做什麼？」

我正專心揉著手上的義大利麵團，聽到J.J.跟我講話，緊張得要命，只是結結結巴地吐了幾個字：「呃……你在跟我說話嗎？是的……謝、謝謝你。」J.J.試著問我之前的工作經驗，但他可憐我這個見到偶像的凡人，既緊張還得做菜，決定不為難我了，迅速離開廚房讓我工作。他離開之後，我當然是懊悔跺腳，為什麼不能大方一點！為什麼這麼拙！我趕快強迫自己深呼吸，平靜下來。在廚房裡工作，冷靜、心無旁鶩非常重要，也可能是因為這樣，接著一切開始走下坡……（所以是要怪J.J.的意思？）

距離晚餐時間還有三十分鐘，這時候是最緊張的，所有冷菜都排排站等著淋醬汁，熱菜也都一一下鍋。這是一場家庭自助餐式的聚會，意思是所有菜色必須全部一起上桌，客人想吃什麼自己夾。既然目標是每一道菜都要同時完成，菜單的規畫就必須想好：烤箱最方便，受熱平均，適合量大的菜色，但所有的菜都用烤的話烤箱空間會不足；爐台適合用來熬醬汁、快炒，但是缺點是必須一直守在爐子旁邊顧東顧西。製作大量的食物，烹調方式一定要分成一半一半，才有辦法最有效率地完成。有些菜可以提前做好，放進低溫的烤箱保溫，但雞肉是最大的敵人，如果烤雞不是做好直接端上桌，保溫的結果通常就是乾柴。手工義大利麵也很難，要做多人份的義大利麵通常都沒有好下場，因為鍋子不夠大，要裹醬汁的時候麵體沒有足夠空間翻轉均勻，往往不是破碎就是煮過頭。今晚的菜單不但有烤雞，也有義大利麵，真是為難到爆！

算了，沒時間抱怨，因為此時我發現手工比薩也出了狀況！因為我沒用過 J.J. 家的比薩烤爐！基本上我也從來沒用過任何比薩烤爐，畢竟這不是一個人人都買得起的器材。但因為之前在「米羅與奧立佛」工作，他們家的火窯比薩名列洛杉磯十大最夯，那時已經看過幾千個火窯比薩的製作過程了，所以當 J.J. 的老婆問我可不可以做比薩時，我也自認沒問題一口答應這個要求。生的比薩皮進入高熱的烤爐，通常底部會瞬間烤熟，灑上一些防沾黏的粗玉米粉，熟了之後就可以輕輕鬆鬆用一個大鏟子從火窯裡鏟出來。J.J. 家的比薩烤爐似乎溫度不夠高，我已經送了兩、三個比薩皮進去，每一個出來都是黏底收場，成品其貌不揚完全上不了檯面，試了三次都失敗，我開始擔心再這樣下去，比薩皮都用完了該怎麼辦。唯一解決方式是讓烤爐再預熱個三十分鐘，但三十分鐘之後客人就要來了，天啊挫屎，到底要怎麼辦！

就在焦頭爛額之際，J.J. 人超好（而且超美）的老婆走進廚房，告訴我一個天大的好消息；有些人遲到了，問我可不可以將晚餐延後三十分鐘？她口氣充滿歉意，證明她人說有多好就有多好，根本不用道歉的狀況還頻頻道歉。我不動聲色地說沒問題，但內心澎湃吶喊著謝天謝地哈雷路亞，只差沒哭出來！

經過一番折騰之後，比薩成功出爐，所有的賓客陸續到場，我覺得自己終於又可以呼吸了。J.J. 家的飯廳有一個像霍格華茲一樣的長桌，我把做好的食物一一在桌上排開，同時繼續往返廚房準備完成最後一道烤雞料理，確保它的外皮酥脆肉質鮮嫩。這時 J.J. 老婆叫住我：「可不可以請妳跟大家介紹一下菜色？」我連跟 J.J. 一個人對話都結巴，要我跟一整桌的人介紹菜單？我差點沒吐出來。J.J. 老婆連哄帶騙把我推到飯廳中央，對我說：「妳可以的！沒問題！」我心裡一邊想著還在烤箱裡的烤雞，又想著要跟一整桌的人喊話，瞬間腦袋空白。接下來是我人生最糗的一分鐘……

「呃……大家好，我是今天的廚師安娜，我準備了，呃……沙拉，呃……馬鈴薯，呃……義大利麵，呃……廚房還有烤雞，呃……說到這裡，我必須要去看一下烤雞好了沒，謝謝請慢用！」

完全沒提香料、調味、烹調手法之類，一個智商歸零、只會說「this is an apple, that is a book」的腦殘狀態，也不敢看來賓的反應，趕快夾著尾巴逃走了。我想 J.J. 的老婆應該很後悔趕我這隻鴨子上架吧哈哈哈（崩潰仰天長嘯）。

大家晚餐吃得怎樣，我完全沒記憶，因為我沉浸在自己丟臉的小世界，加上終於辦完這麼一大桌，打了場硬仗，也不知道是漂不漂亮，身體輕飄飄的好像喝醉酒。但我沒忘記傳簡訊給介紹我工作的 S 太太說：「我的媽啊！妳為什麼不跟我說妳朋友是 J.J. 亞伯拉罕！我超愛他的！嚇死我了！但是……謝謝妳的介紹！」

隔天去 S 太太家上班的時候，她說：「哈！我故意不跟妳講的，因為怕妳太緊張。話說回來，妳真的是年輕一輩的人欸！」

我回說：「我哪有很年輕，為什麼這樣講？」

「因為現場還有史蒂芬・史匹柏和喬治・盧卡斯啊！妳只看到 J.J. 嗎？果然是年輕人。」

我的天，所以說史蒂芬・史匹柏、喬治・盧卡斯以及 J.J. 亞伯拉罕，三個人都聽到我如此丟臉的演說……不想活了！

J.J. 家的派對可能讓我血壓高了好幾天，四天過後，J.J. 的老婆正式邀我成為她家的私廚。（所以晚餐應該是不難吃吧？）我超驚險的「試用期」竟然就這樣達陣了！一想到原本竟然差點回絕了這個機會，真的是哭了。經過這件事情之後，我的工作原則變成：「不管心裡再怎麼抗拒，能接的工作就要說 yes，因為妳永遠不知道人生的雲霄飛車會帶妳去哪裡。」

這個結尾很俗有沒有。

三部曲

一轉眼在 J.J. 家已經工作超過五年，我與亞伯拉罕一家人的關係也變得輕鬆許多，不再有結結巴巴腦充血的緊張情緒，可以說是老鳥一隻，對家裡廚具的擺設也如識途老馬，以前要花半天才能做完的工作，現在兩個小時就可搞定。

亞伯拉罕一家人與某些我曾經合作過的明星最不一樣的地方，就是他們很親民。這一家五口人總是把「請」、「謝謝」、「對不起」掛在嘴邊，每次在廚房相遇的時候，他們都不忘記感謝我的付出，稱讚我上次做的食物。不管是不是客套，他們總是會說「聞起來很香」或是「看起來很好吃」、「等不及晚上可以享用」這類的評語。就連僅僅十歲的小兒子也都如此好家教，讓我心甘情願為他們工作，也讓我一整天的心情都飄飄欲仙。除此之外，我一個星期在亞伯拉罕家工作兩天，而且是可以任選的兩天，因為這家人懂得我的夢想是做食物造型師，知道在片場工作時間不固定，給了我無限大的彈性與體諒，說是夢寐以求的客戶一點也不為過。

我通常都是幫這一家五口做再普通不過的家庭晚餐，但亞伯拉罕家偶爾也會有大明星來做客，像是班・艾佛列克與珍妮佛・嘉納（以前還是夫妻檔的時候）有來過幾次，特斯拉的創始人伊隆・馬斯克、蒙面歌手「希亞」、英國搖滾教父「波諾」，甚至「歐巴馬」也都曾是座上嘉賓！可惜歐巴馬哥哥當時只是短暫停留，本人並沒有機會替當時的美國總統做菜。每當亞伯拉罕家舉辦這些上流社會的聚餐時，我總是戰戰兢兢地想要好好表現。還記得有一次好失望，聚餐過後我發現很多人都沒有吃完餐盤裡的食物。J.J. 老婆安慰我說：「妳不要在意，我們的客人很多都是螢光幕前的大明星，怎麼可能多吃呢？放心啦，這些剩菜明天我們全家就會當晚餐全部吃光了。」我心裡一陣溫暖，差點又哭出來（在亞伯拉罕家莫名其妙哭點很低）。

摒除這些光鮮亮麗的聚餐之外，亞伯拉罕一家人其實非常好伺候，不挑食，不喜歡做作的食物。凱薩沙拉、義大利肉醬麵、越南烤雞、中式炒飯，這些都是我常做的拿手菜，基本上來自世界各國的「家常」料理就是他們的最愛。喔，還有這家人非常愛吃日本米，每天都要確定冰箱有煮好的壽司米。有時間的話，J.J. 本人也喜歡下廚。我不常遇到他，但偶爾見到了，我們會稍微小聊好吃的餐廳跟食譜。每當家裡出現什麼奇怪的廚具（上個月是超大的刨乳酪工具，之前是做可麗餅的機器和做墨西哥玉米餅的行頭），我就知道J.J.大概出國又迷上什麼異國料理了。

這個星期風雲大變，新型冠狀病毒的恐慌正式襲捲全美，許多美國人開始去超市囤糧搶購衛生紙。要去亞伯拉罕家上班之前，我一如往常先去超市採買食材，光是找車位就花了三十分鐘。超市架上食物幾乎被掃購一空，好不容易買了一些可以做晚餐的食材，結帳又是三十分鐘的隊伍。開到亞伯拉罕家的路上，管家傳了簡訊給我：「可不可以請妳多加一道湯品？家裡有人生病了想喝點湯。」我心想，光是剛剛那一趟就要了我半條命，我才不要再回去咧！他們家裡應該有一些囤糧可以讓我變出一道湯吧？同時間，另一個想法劃過腦海：亞伯拉罕一家人做影視相關事業，到處飛來飛去是家常便飯，很難說是「誰」從「哪」回來又生了什麼「病」呢？

但我很快就將這個想法拋諸腦後。首先，根本也沒有誰確診病毒，何必慌張？再來，他家廚房比我一整棟公寓還大，社交距離三百公尺都嫌太靠近，只要多洗手，不碰觸臉部，真的，何必慌張？身為私人廚師，我最驕傲的地方，本來就是在營養與美味這兩個領域去照顧別人，客戶生病了，捨我其誰？

走進亞伯拉罕家門，我首先檢查他們存放乾性食物的儲櫃。啊娘喂，他們的管家完全沒有危機意識！三三兩兩的罐頭食品，還有幾包義大利麵，每天必吃的日本米也只剩四分之一包！一家五口這樣是要怎麼活？我依照慣例把晚餐做好，湯也想辦法生了一鍋出來，決定在還沒買到米之前，今天就不煮米了。我寫了一張清單，交代管家明天要想辦法去囤貨。離開前，我看到 J.J. 從超市提了大包小包的食物回來。

J.J.：「天啊，我剛剛去超市，超恐怖！」

我：「我才正要問你買了什麼，不是架上全空了嗎？」

J.J.：「全空全空！我完全就是亂買一通，一包冷凍雞柳，一罐花生醬，加上幾罐泡菜，完全不知道這些東西能不能搭在一起，有什麼就拿了。」

J.J. 一邊說一邊把他很瞎的雜貨組合放到儲櫃裡，看了覺得既好笑又有點心酸，決定這個週末我也要來幫這囤糧技巧不靠譜的一家人買一些乾貨。我不敢說自己是全洛杉磯最屌的廚師，但是關於工作，我相信重要的不是讓客戶看到我的付出，而是看不到的時候我依然想要做，這份心，才是誠意。

手工義大利麵

這個基礎義大利麵團食譜，是我在羅馬一間五十年的老店學到的配方，非常好記，還能隨個人喜好調整，一顆雞蛋配一百公克粉，夠簡單了吧！喜歡麵的口感細緻一點，就增加 00 號麵粉的比重，喜歡有嚼勁的麵就增加杜蘭小麥粉的比重。鹽只是提味用的，放多放少都無所謂。加入橄欖油是我個人的偏好，因為揉起來更順手，但你若是去問義大利當地的老奶奶，她們可是會搖頭說這樣不對的！

4 人份

義大利 00 號麵粉 300 公克

杜蘭小麥粉（Semolina）100 公克

鹽 1/2 小匙

雞蛋 4 顆

橄欖油 1 大匙

在乾淨的料理台上將兩種麵粉與鹽混合均勻，然後用手將麵粉聚積靠攏，堆出一個圓形的小井。

在井口打下 4 顆雞蛋，均勻倒入 1 大匙橄欖油。

接著使用叉子，從井口最內圈開始，將少量的麵粉慢慢撥入蛋液中，並且攪拌均勻。隨著撥入的粉量增加，蛋液也會變得濃稠好操控，不似一開始好像隨時都會「洩洪」那般任性。

一旦將所有的麵粉和蛋液攪拌均勻，就可以用雙手豪邁地揉麵了。揉麵要揉到完全光滑，需要花 10 分鐘左右的時間。完美的麵團表面一點皺紋都沒有，工作台上就算不加一絲麵粉也不會黏手。

用保鮮膜把麵團包起來，休息 30 分鐘，等麵團放鬆之後就可以擀成各種厚度，或切成各種喜愛的形狀。

手工義大利麵只需要煮幾分鐘，一旦看到麵體浮在煮麵水的表面，在心裡默唸 30 秒就可以撈起來了！

簡單享受手工義大利麵的吃法，可以在煮好的麵條淋上橄欖油，灑些鹽和黑胡椒，刨上大量帕瑪森乾酪與檸檬皮屑，就是最純粹的美味。

Getting Personal

我是一個工作狂。有些人覺得太賣命工作不好，錯過的寶貴親友團聚無法復返，犧牲掉的個人時光也拿不回來，但我覺得工作狂其實才是最有人情味的一款，因為除了工作之外，他們平常連去超市買包米都懶。工作狂天生就能把自己的需求放一旁，只為了成全別人的喜好，所以一個工作狂如果在乎你，不管你有沒有付他錢，甚至與工作無關，他們都會赴湯蹈火，因為這已經存在他們的基因裡頭，改不了的。

有一句話說：「找到自己有熱忱的事，就等於一輩子不必工作。」我跟你說，這句話其實是騙人的。你還是得工作，累得跟狗一樣，差別就是沒有人逼你，你心甘情願。

我在美國的其中一個工作是私廚，私人廚師，英文稱作 Private Chef 或是 Personal Chef。這個名字取得很妙，因為「personal」有一種私密的意思，而私廚就是一個非常親暱的工作。

今晚我花了比平時還要長的時間在研究明天的菜單，因為我的客戶開刀住院了。平常叱吒風雲、出國當出門的片廠總裁，突然連吞嚥都有困難，我在腦中沙盤推演，究竟要怎麼把美食變成泥狀物又不噁心？同時還要有營養價值，不能看起來像一坨屎！配上一、兩樣小菜，讓家中其他成員也可以一同享用。有那麼一瞬間，即使我做的這個研究是「工作所需」，但彷彿也是在關心與照料著這家人。

除了家庭成員生病這種情況之外，私廚更常接觸到的是一些雞毛蒜皮的生活點滴：大女兒要考大學了最近比較辛苦，做個女孩兒會喜歡的可愛甜點慰勞她；女主人體檢報告出爐，她愛吃的食物會造成過敏等身體負擔，必須想個辦法替代解饞；小兒子正在叛逆期，什麼蔬菜水果都不願意吃，得想辦法把健康晚餐做的像垃圾食物；有朋友來家裡作客，菜色要特別威風。甚至有時看打掃阿姨如此忙碌，都想幫她帶一個便當。

私人廚師的關心是全方位的。的確，這些服務是有錢人才能負擔，請人替他們操心人生小確幸，是金字塔頂端人生獨有的奢侈。我在準備食譜、蒐集靈感的時候，其實都沒有算錢，所以並不是單純的「做多少工換多少時薪」。這些因為在乎而花下去的時間，不知不覺，讓我和我的食物參與了和我毫不相干的一家人的人生各種時刻。做菜自古以來一直都是最婆婆媽媽、最瑣碎，同時最具滲透力的技能。對於一個要把狗屁嘮叨、家庭瑣事當工作內容的私人廚師而言，這種親密戲碼是很必要的。你越真誠，這齣戲就可以演得越久；戲演久了，自己也分不出究竟是真是假了。

二〇一六年，美國總統大選，那一年我感覺到自己正在見證美國歷史，但不是感動流淚，而是毛骨悚然。說也奇怪，美國不是我的國家，多年來對政治就算不是冷感，頂多也就是室溫而已。但川普當選的那天，早上起床第一件事，就是默默流下了幾滴眼淚。

加州是非常左派自由的地方，所以你絲毫感覺不到川普竟然會有任何勝算。主流社群媒體，甚至公共場合，你會毫無防備地深信他就只是個笑話。他說越多危言聳聽、傷風敗俗的言論，你反而看得越起勁，因為在你心中，這個小丑跟三軍統帥根本八竿子打不著關係。直到那一晚，你被美國中西南北的鄉巴佬們一巴掌打到傻眼！你替很多很多人的未來感到害怕，當然也替自己感到有點害怕。這個國家這麼多人相信各種恐怖言論，種族歧視、性別歧視，或是身體自主權的歧視，讓你嚇得屁滾尿流。難道這些正常人聽了會嗤之以鼻、讓社會倒退三十年的思想，其實才是主流思想嗎？

川普說了很多要把拉美裔移民驅逐出境的言論，說這些南邊來的都沒有好貨，說他們是毒販、殺人犯、強姦犯，說要蓋一道媲美中國的長城來封鎖邊界。他不斷詆毀女性，說自己有錢有名氣就什麼婊子都能上，連他自己女兒的外貌都拿來開黃腔當玩笑。這種垃圾居然當選了？希拉蕊的敗選演說講到「她對美國人民還是充滿信心」，我毛都豎了起來。那些投給川普的美國人不僅可悲，更是可怕，也許這樣的國家配上他剛好而已。

總統大選完的隔天，上班時非常非常安靜，因為打掃阿姨瑪麗娜是支持川普的。

瑪麗娜不只是拉丁美洲裔，也是女性，她選擇川普確實令人不解。

某一次我問她為什麼要投給川普？她說她的原因是宗教。虔誠的天主教徒反對墮胎，她覺得川普雖然是個下三濫，但希拉蕊是殺人犯（支持墮胎），她不希望殺人犯當選美國總統。瑪麗娜還有其他的原因，例如歐巴馬推行的健保制度差強人意、希拉蕊的謊言風波等等，為了尊重他人自由，我跟客戶只有默默嘆了口氣，把那些加油添醋的言語放在心裡。

川普當選的這天，我的客戶已經實行了將近兩個月無糖無油無澱粉的飲食控制，身體跟心靈都處於一種幹拎老師的極限。她一直等到瑪麗娜打卡下班，這時家裡只剩下我們兩個，她忽然來到廚房，抱著一桶我剛煮好要給她兒子跟老公吃的白飯，歇斯底里地狂嗑起來，發出的聲音是哭還是笑無從得知。她嘴裡還塞著明明就不該吃的白飯，居然一邊問我有沒有辦法從家裡的櫥櫃生出巧克力慕斯布丁？非常特定指名，就是要巧克力慕斯布丁。

那天晚餐我提前上了感恩節大餐：火雞，奶油肉汁，蔓越莓醬，四季豆，馬鈴薯泥。當然，還有巧克力慕斯布丁。我在最後一分鐘還是想辦法生出來了。

客戶說：「今天晚上出這套餐真是太高明了，溫馨又愛國，想哭但是又被撫慰到了。」

不客氣。

時間快轉到二〇二〇年，新型冠狀病毒肆虐全球，我再度見證歷史，沒想到人生竟然還可以比川普當選那年更加毛骨悚然。已經忍受了四年的川普執政，與其說他無能，最客觀的講法應該還是「刺眼」。但比唾棄川普更迫切的，是至今美國創紀錄的一天一萬人確診。我所居住的城市，以及其他各大城市開始進行不同階段的封城行動。

封城，在洛杉磯基本上就是除了看醫生、買菜之外，每個人都應隨時待在家。餐廳只能外送，非販售「重要」「必需品」的營業場所全部停擺。許多人因此沒了工作，全美的人都在煩惱下個月的房租、水電費要怎麼生出來。

身為一位私人廚師，我依然可以去客戶家做菜，雖然其他的工作量驟減，但幸運的是還不至於到要吃土的境界。不過只要一想到去超市採買人擠人，為了搶購架上所剩無幾的食材，為了賺一點錢大大增加自己暴露在外的風險，我不得不告訴客戶，非常時期，我們必須改變作風。為了減少外出，我一個星期只願意去單一超市採買一次，既然買自己家裡需要的東西就得出一趟門，那乾脆順道把所有客戶要的菜都買一買，買不到的就只能替代或是省略。每一家客戶都吃一樣的菜單，全部的烹調過程一律在我消毒過的家用廚房完成，一個星期減少到只有一天，統一把菜外送到客戶家門。

因為大家都必須吃同樣的菜單，本來想說協調各個客戶的飲食喜好應該會是最難的。沒想到大家都非常乖巧，沒找麻煩，我出了第一版的菜單，三家就一致綠燈通過，簡直比被選中《美國好聲音》還要開心！其中一個客戶還說，如果我真的擔心暴露在外，就不必擔心他們了，薪水會照常支付，我可以不用去上班。除了覺得感恩以及欣慰之外，陸陸續續也聽到其他做私人廚師的朋友和打掃工作的同事說，他們的客戶在這段封城時期依然提供薪水，聽得我眼淚都差點掉下來了。

我想，Personal Chef 這個工作，尤其是「personal」這親暱、私密的一詞，多年來我一直覺得很諷刺：我是收錢來關心你的人，卻不知不覺因為食物而默默走得比誰都近，假戲真做的結果，竟然是彼此都分不清楚了。我何其幸運能看到一個照顧人的職業，在需要被照顧的時候，客戶也像家人一樣緊密地陪在身邊。

崩潰專用巧克力慕斯布丁

·巧克力慕斯布丁

大部分坊間的慕斯布丁食譜都有兩個步驟，必須分成兩鍋進行，一鍋先煮牛奶，另一鍋專門放蛋。煮熱的牛奶必須一點一滴慢慢加入蛋液裡，目的是為了調節溫度，怕把蛋燙熟豈不是弄了一盤巧克力炒蛋來著。美式慕斯，在美國是直接稱做 pudding（布丁）。為了怕各位跟 Q 彈的統一布丁做聯想，我在此特別正名為「慕斯布丁」。這個慕斯布丁的配方不需要囉哩叭唆弄兩個鍋，只要留心火候，一鍋到底絕對不是夢！再說，都要崩潰了，誰有時間洗兩個鍋子？

材料

砂糖 1/4 杯

可可粉 3 大匙

玉米澱粉 2 小匙

鹽少許

即溶咖啡粉 1/2 小匙

全脂牛奶 1.5 杯

蛋黃 1 顆

香草精 1 小匙

可可含量 55-70% 的黑巧克力 1/4 杯：請依個人嗜苦能力挑選可可含量，切碎之後再用量杯測量

取一小鍋，將所有乾性粉料（前五項）用手動打蛋器攪拌均勻。

接著慢慢加入牛奶，持續攪拌。牛奶不要一次全下，一次加一點才能將粉類完全溶解。最後加入蛋黃和香草精攪拌均勻。

先從中火開始煮，全程守在爐子旁邊不停攪拌，計時 5 分鐘。時間到了轉小火，繼續不停攪拌 5 五分鐘。此時奶蛋糊的質地會越來越濃稠，鍋子的邊緣會開始冒出幾顆小泡泡，一看到小泡泡立刻關火。

加入切碎的巧克力，用餘溫攪拌至巧克力完全融化，倒入可愛的器皿，放入冰箱直到完全冷卻，約 2 至 4 小時。

·大人鮮奶油

既然要療傷，當然得喝點酒。

材料

液態鮮奶油 1 杯

砂糖 2 大匙

蘭姆酒 1 大匙

使用電動或手動打蛋器，將砂糖加入液態鮮奶油打至濕性發泡。

加入蘭姆酒，再打幾秒鐘即可。

冰鎮過後的巧克力慕斯布丁，配上大人鮮奶油，明天會更好。

一個殺雞的故事

在所有客戶聘用的打掃阿姨裡面，瑪麗娜和我最聊得來。

有一次我在烤蘆筍，又粗又多汁的蘆筍，加了一點海鹽跟檸檬皮，直接放在燙到冒煙的鐵鍋，烤出一道道痕跡跟淡淡的煙燻味。我突然感嘆地說：「在台灣，就算去餐廳也幾乎沒有人會點蘆筍來吃。尤其這麼粗肥的蘆筍，在我們那邊算是高級食材喔！美國超市的蘆筍就平價多了，因為地區食物產量不同，對於高級這兩個字的定義也不同，真妙。」

瑪麗娜看著我，很驚訝地說：「真的嗎？蘆筍很高級？蘆筍在我的國家（薩爾瓦多）也很便宜欸。妳知道什麼東西很貴嗎？葡萄！以前我媽叫我去市場買菜，我都會特地用走的，省了公車錢，跟每個攤販殺價砍價，這把香菜省了五毛，那袋番茄省了三毛，加加減減之後，最後去賣葡萄的攤販看這樣可以買多少葡萄。通常只能買一個手掌抓得住的份，十二或十五顆吧。我買到葡萄之後就慢慢一邊走路回家，一面享受我的葡萄。要走好長的一段路，每一顆我都好珍惜地吃。當然一下就吃完了，可是每當我想起那段邊走邊吃葡萄的時光，那是我最快樂的一段童年記憶。」

瑪麗娜話匣子一打開就停不下來，她繼續說著：「之後我跟姊妹來到美國，剛開始住在一個墨西哥人經營的中途之家。那家人對我們很惡劣，叫我們跪在地上刷地，吃剩菜，甚至還說我們國家的女人都很隨便，想要侵犯我們。很多年過後，我們三姊妹終於都各自找到老公，搬離那可怕的地方。我後來就跟老公搬去明尼蘇達工作，那裡鳥不拉屎冰天雪地的，放眼望去沒幾戶鄰居。我在那邊跟老公生了四個小孩，但是我隱約有一個第六感，他背著我跟好幾個女人偷情。

「有一年，我們全家去鎮上的農夫市集，經過養雞的攤販，女兒吵著想要養小雞，於是我們決定買幾隻回家給她們當寵物。賣雞的人很好心，說我有四個小孩，我買兩隻他再送我兩隻，這樣大家都有一隻，回去不會吵架。我們帶著四隻小雞回家，開始在後院養雞，不到幾個星期小雞就長成大雞。明明就沒有幾戶人住的鎮上，竟然還有鄰居去投訴我們。不久之後果然鎮長來拜訪了，他說我們不能在一般住宅區養農場的動物，要我們把雞給處理掉，不然就要罰錢。

「我們問遍了所有的朋友，總算把兩隻小雞給分送出去，還剩兩隻實在不知道該怎麼處裡。我心一橫，決定明天等大家都去上學的時候要把雞殺來煮晚餐。我隱約記得在薩爾瓦多的時候看過我媽殺雞，她通常都把雞泡在溫水裡，雙手放在雞脖子上用力一扭，雞就掛了，看起來輕輕鬆鬆也沒有掙扎。我看過她做千百次了，心想應該是沒問題。

「隔天一早，家裡淨空了，我把一歲大的小兒子放在廚房一角，如法炮製，把水槽裝滿水，然後把雞泡進去準備。實際要下手的時候真的很難，可能因為我心軟吧，我無論雙手怎樣扭，手一放開雞還是活跳跳的，還在水裡試圖要掙脫。我越扭越挫折，於是拿了把刀割破雞喉嚨。天哪！一割下去開始血濺廚房，更恐怖的是那隻雞沒有頭了還是繼續掙扎，飛來飛去，一面飛一面繼續噴血。我家廚房還有我全身都是血，簡直就像命案現場。終於，一隻死了，但還得再殺一隻。我的人生沒有比那個畫面更想要忘記的一刻了。

「總算跟兩隻雞博鬥完畢，我接著開始拔毛，沖洗，抹了一點橄欖油，灑上鹽跟胡椒，把它們送進烤箱。趁雞還在烤箱的時候，我趕緊把廚房整個擦拭又消毒殺菌，最後再去洗澡換上乾淨的衣服，若無其事一樣準備出門上班。離開前我留了紙條給老公：烤箱有烤雞，晚餐記得溫過之後給孩子吃。

「我半夜回到家，小孩都睡了，打開烤箱發現兩隻烤雞就坐在裡面，連動都沒動，心裡生氣又委屈。我跑去問老公：『你們怎麼都沒吃我辛苦準備的晚餐？』我老公支支吾吾地說老闆邀請他去家裡吃飯，於是就帶一家老小在那邊吃了。我不相信他的說詞，把大女兒搖醒一問，她說爸爸帶他們去一個年輕阿姨家吃飯，阿姨做了義大利麵云云。我當下只想拿一把刀，像殺雞一樣看是要自我了斷，還是把他的頭給砍斷算了。」

瑪麗娜說到這裡，我正好也在剁下虎斑蝦的頭殼，準備來用鹽烤。我決定放下手邊的工作，好好聽這個故事。上班的時候看到她總是很振奮人心，因為她給人一種很溫暖正面的感覺，非常關心每個人身邊發生的事情。故事還沒聽完，我已經很敬佩她竟能苦過這一關，而且絲毫沒有帶著一片陰影在過生活。

「那件事情之後，我百分之百確信我老公背著我偷情，而且我確信這個狀態一定已經很久了。天知道我懷孕的那些時候他都去了哪裡？他一天到晚離職待業，只靠我養家，用我賺的錢去找情婦。每天我都有千百個想不開的念頭，我心想這大概就是西方世界稱的憂鬱症吧。我開始去看心理醫生，醫生聽完我的故事決定我必須開始吃藥。我去藥局拿藥，這個治憂鬱症的藥一星期最少要吃一顆，一顆要二十塊美金，是我工作三個小時的薪水。吃到第二個星期的時候，我覺得這實在是太傷了。我告訴自己：我沒有本錢憂鬱，我有四個小孩，我有一份工作，我還有家人，我還有信仰。我下定決心，無論如何我都要把自己振作起來，不管是強顏歡笑還是睜隻眼閉隻眼。最重要的是，我一定要離開他。」

我不得已打斷瑪麗娜激動的演說，注意一下女主人回家了沒。家裡一片沉寂，看來我們還可以再閒聊一下。我問她：「那妳在最低潮的谷底時，還是相信上帝？妳難道不會埋怨上帝，妳那麼虔誠，卻是受苦的那個？」

瑪麗娜一想到上帝，嘴角就不自覺地微笑起來。她得意地說：「想是有想過，埋怨也有的。但是現在我每天回到家，我的四個小孩跟我在一起，其中一個女兒還生了孫子，我們全家人吵吵鬧鬧過日子，吃工作帶回來的有機產品，也不用殺雞了，沒什麼不好。至於那個處處留情的『前夫』，偶爾我會聽到朋友說在路上碰到他，說他整個人很陰沉，沒有家人，女人也是來來去去，有的騙他錢，有的也不是真心對他，沒有人這樣會開心得起來的。反而我的人生現在很完整，至少比他好太多了。」

我雖然沒信上帝，但依然替瑪麗娜高興。我只是心裡在想著，當初她從薩爾瓦多市場走回家的路上，吃著珍貴的葡萄，在那個她覺得她人生好幸福的瞬間，一定想像不到自己日後會經歷二、三十年煉獄般的遭遇。想到這裡，我不禁打了一個寒顫。我們似乎永遠沒辦法掌握自己此刻的「好」，一定會為未來的「好」鋪下一小塊地基，但同樣地，此刻再怎麼壞，也不代表以後人生的日子就不會再完整了。

心碎烤雞

首先，抓一隻活雞……開玩笑的啦！烤全雞是歐美菜系中最經典的家常大菜，說到烤雞的溫度，最常見的兩種手法：一種是低溫慢烤（約三小時），追求的是骨酥肉爛、入口即化的美味；另一種則是高溫速成（約四十五分鐘），省時之外還能將雞烤得外皮香脆、肉質彈牙。我今天要烤的這隻雞，因為外皮塗抹了味噌醬，若是大火下去烤肯定一下就燒焦了，但又不希望完全失去脆皮，該怎辦呢？最後我決定集兩個手法之大成，先下高溫，再換低溫，出爐前再次調高溫逼出脆皮。這樣的烤雞若你還是不吃，我肯定會心碎的。

材料

小型全雞 2-3 公斤

味噌 4 大匙（55 公克）

有鹽奶油 4 大匙（55 公克）：室溫軟化

黑胡椒粉 1 小匙

韭菜或蝦夷蔥 2 大匙：切末

用廚房紙巾徹底將全雞表皮多餘的水分擦拭乾淨，直接放入冰箱 4 小時或隔夜，冰箱的冷空氣可以讓雞保持乾燥。

取一小碗，將味噌、奶油、黑胡椒與韭菜均勻調和成醬料。

挖取 2 大匙的醬料，仔細塗抹在全雞的腹腔內壁，再將剩餘的醬料均勻塗抹整隻雞的外皮。

烤箱預熱至攝氏 200 度（華氏 400 度），用上下火同時烘烤全雞 30 分鐘。

取出烤雞，讓烤箱溫度降到攝氏 150 度（華氏 300 度）。等待烤箱降溫時，將雞胸、翅膀、小腿等特別容易燒焦的部位蓋上錫箔紙，不用包緊，只需要稍微阻隔保護雞皮即可。

把全雞送進降溫後的烤箱再烤 50 分鐘。用烹飪溫度計測量雞胸深處與雞腿骨骼交界處的溫度，必須達到攝氏 70 度（華氏 155 度）。

取出烤雞，將烤箱溫度拉回攝氏 200 度（華氏 400 度）。拿掉覆蓋的錫箔紙，立刻將烤雞放回烤箱再烤 10 分鐘。

剛出爐的烤雞放涼 15 分鐘即可上桌。保留烤盤底部的味噌雞油，可沾雞肉享用。

用一輩子的時間做一件事

有一種極少數的幸運是，當我們做某件事情，無論中間歷經多少困難，臉上還是無法停止微笑。譬如養一隻寵物，教一個小孩，談一場戀愛。對我來說，二十年了，無條件的愛一直都是用來做菜：為一個人做菜，表達對這個人的關心；為一群人做菜，讓他們在國外依然可以感受到「家」的溫暖。那為一群陌生人做菜呢？

在洛杉磯變成一位私廚，並不是我本來出國的計畫。跟餐廳工作比起來，做私人廚師的薪水比餐廳高上兩、三倍。托「米羅與奧立佛」的福，許多尋找私人廚師的家庭一聽到我在這間餐廳工作，馬上表示希望試用我。沒過多久，我已經可以完全辭掉餐廳工作，每天服務不同的客戶，原本連吃飯都捨不得花錢的我，瞬間存款步入穩定。

我碰過不少難搞的客戶，但其中一個客戶對我在洛杉磯的事業意義重大，那就是——客戶 S（也就是把我推薦給 J.J. 亞伯拉罕的貴人）。一開始我在洛杉磯做私廚有點像是打游擊：今天去客戶 A 的家，明天去客戶 B 的家，不一定每個客戶都有固定時間。有些客戶一個月只想訂一天來準備特別的聚會，其他時候就不需要我了；也有些客戶想要我上全職班，但我的目標是成為食物造型師，如果全部的時間都拿來做私廚，夢想不就漸漸消磨殆盡了。終於有一天，我得到 S 家的青睞，可以一週上班兩到三天，薪水優渥，不必做全職依然可以支付房租與生活費，剩餘時間能用來接食物造型的案子。這種夢寐以求的安排，讓我在 S 家一待就是五年。

這個客戶除了在平衡麵包與夢想的道路上幫我一把，其實我最留戀的是他們家的打掃阿姨瑪麗娜。在這本書裡面，你們會聽我說很多關於她的故事。認識瑪麗娜之後，我常常會寫日記，從一個幫傭的角度去看金字塔頂端的人生。很多時候我覺得，瑪麗娜是幫我完成這本書最重要的人。

在此節錄兩篇在 S 家工作期間寫的日記。

2013/05/06

自從我決定只服務一組客戶開始，已經又過了六、七個月。這六、七個月以來，除了偶爾在片場工作之外，每個星期一與星期四，我開著同樣的路線，去同樣一家人的廚房工作。

天氣從炎熱變成涼爽，煮飯時從聽著蟬叫變成楓葉颳落的聲音，我工作時唯一會交談的對象除了女主人之外，就是他們家的幫傭阿姨。

幫傭阿姨的名字叫做瑪麗娜，是一個薩爾瓦多來的阿桑。她的英文奇好無比，我們每週花很多時間在閒聊。其實我從第一天工作的時候就覺得跟她十分投緣。瑪麗娜與我的關係一直維持著互相尊重，並且有許多互助互惠的成分：我常常請她試吃東西，或是把剩下的食材包便當給她；她常常幫我洗碗，幫我把用完的工具物歸原位。其實我不需要請她吃東西，她也沒必要幫我打掃，但我們兩個都很喜歡能夠有一個人一起忙裡偷閒，漸漸地那就像一種默契，一種幫傭人生的樂趣。

這天我一如往常去工作。我按了門鈴，瑪麗娜幫我提雜貨。我一面整理工作台面，一面切菜備料。瑪麗娜在我隔壁幫被寵壞的小少爺切水果，她遞給我一塊西瓜，我遞給她一口酪梨壽司，像是踏著排練過的舞步一樣，我們效率十足各做各的事情。這種下午，好像可以過它個一輩子。

我非常確定，這就叫做小確幸。

儘管當時覺得好像可以做這份工作做一輩子，五年過後，我因為食物造型的案量變多，實在無法繼續兼職所有的私廚，終究提了離職。

2018/05/26

唉，五月，真他媽惆悵到爆！

上個星期，我決定離開一個重要的客戶，最重要的客戶其實。

我在他們家已經工作很久很久。當一個私人廚師，進入一個人的家裡，像是跨過一條線，你看到的風景相對親密許多：你看到的是每個家庭最特別的節日，以及每個家庭最平淡的一天。你可以細數這幾年發生在這家人生命中的每一件大小事，並且知道那一天晚上他們是吃哪一道料理。然後完全無捷徑地，你只能用歲月換取走進他們每一個人的心，從打掃阿姨，女主人，男主人，一路到叛逆期的兩個青少年兒女，還有他們的狗狗。小動物是最難的。

我做的是一份工作，但我一直相信我做的也是一種關心的事業。

提這個辭呈我計畫了六個月，什麼時候要提出來？在哪個時間地點？誰可以當我的接班人？訓練的時間要多久？要怎麼表達我的原委才合適？如果被慰留要如何婉拒又不失禮？

看似非常精密的計畫，時間到了依然壓力超大，畢竟是我最在意的一家人啊！練習了六個月，提出辭呈的那天，依然淚崩到完全無法自己。除了「覺得丟臉」這四個字之外，實在沒什麼好說的，真的是糗到靠杯。

我的客戶對我說：「沒關係，我可以理解，真的，我們彼此都很幸運，可以有這麼多年的時間在一起。」我提了辭呈後沒多久就重感冒了，像是累積了數個月的重擔終於垮了下來。

雖然重感冒，基於種種複雜的原因，今天還是必須抱病上班。我的味覺決定跟我開玩笑，今天所有味道嚐起來都是苦的。泡菜炒飯，苦的。沙拉，苦的。波隆那肉醬，苦的。就連布朗尼，也是苦的！一方面無奈，另一方面又開始窮緊張，要是我的味覺從現在開始只剩下苦味要怎辦？

為了撐過今天的挑戰，晚上所有菜色都是請打掃阿姨，也就是我最信任的工作知己瑪麗娜充當我的舌頭。每過二十分鐘，我就會在角落放一個試吃小碟；瑪麗娜低調地走過來品嚐了之後，悄聲告訴我太淡、太辣或太鹹等等，我再稍做調整。我們倆完全就是天衣無縫的皮影戲雙人搭檔來著。

我的身體其實很不舒服，也恨不得可以捲到被子裡休息。但忽然之間，當我在削地瓜皮的時候，嘴角還是無法克制地上揚了！當我在薄片磨菇的時候，還是忍不住微笑了！腳打著節拍，身體輕鬆地搖擺，像是背景放了一首喜歡的歌。

做菜這件事情，不論多麼辛苦，永遠都還是讓我微笑。不僅僅是因為對料理的熱愛，也是我透過食物表達出來的愛，不論是對瑪麗娜，還是 S 一家人，我們，真的，彼此都很幸運有這麼多年的時間在一起。

重感冒喝的紅棗水梨薑湯

蜂蜜加檸檬是西方世界家喻戶曉的感冒良方，但老實說我覺得喝完沒什麼路用，而且檸檬汁酸起來很傷胃。某天我抱病去農夫市集採買，熱心的越南籍賣菜阿桑說，她家的偏方是水梨與紅棗。身為台灣人，不再加幾片薑似乎說不過去。現在這個台越混血私房感冒良方，早已成為我所有私廚客戶生病時指定要喝的一帖。

材料

水 5 杯（約 1.2 公升）

紅棗 10 粒

水梨 2 顆：連皮帶芯切大塊

薑 1 塊（100 公克）：用刀背大致拍碎之後切片

花草茶包 1 包

鮮奶適量

取一大深鍋，將所有材料一併放入，大火燒開後轉中小火續煮 30 分鐘。

用湯勺或是肉槌，將水梨、紅棗與薑片用力搗碎，直到釋出所有精華。

將果渣與薑片撈起濾掉，一天啜飲三到四回。可以加一點鮮乳，喝起來感覺會更順口。

瑪麗娜

你知道有一種電話是你一接起來，聽對方的語氣就知道不妙，然後你的腦海在對方說出壞消息之前的一秒鐘，迅速閃過你們兩共同認識的所有面孔。你在內心大喊：「拜託不要是她不要是她，千萬不要說是她。」然後，電話那一頭緩緩說出了你最不想聽到的名字。

客戶來電，瑪麗娜幾天前的晚上在家裡中風倒下，就這樣走了。

我這個月本來有三次可以見到她的機會，錯過了就是錯過了，再也見不到了。

瑪麗娜有一個小我幾歲的女兒，也叫安娜，跟我還是同一天生日。她照顧我，像是我在美國的媽，傾心暢談時又像是我在美國的姊姊。我覺得好不公平，瑪麗娜是我認識的人當中，擁有最善良、最純粹的心地，卻也是生活得最辛苦的一個。一起工作的五年之間，她對我說了好多故事，教導我很多做人的課題。我工作的時候常常給她食物，幫她包便當，但她給過我的，遠比我能給的多太多了。

瑪麗娜三十年前從薩爾瓦多偷渡進美國。剛到美國的頭幾年，被寄宿家庭虐待、施暴。後來遇到人生第一個真愛，總算搬離寄宿家庭，與先生育有四個小孩。十幾年過後，這個真愛不斷在感情生活中背叛她，她終究是勇敢地走了出來。以一個虔誠的天主教徒來說，離婚，心理上一定是很難過的一關，但她依然相信神會給她最好的答案。後來單身的這些年間，她遇到了另一個偷走她的心的男人，這個男人雖然溫柔、大方，卻久久不能定下來。瑪麗娜與他分手之後過了幾年，男人與別人結婚，定下來了。瑪麗娜獨自帶著四個小孩，大兒子已經獨立成家，其他三個：一個女兒有吸毒嗑藥的狀況，未婚生子把小孫子丟給瑪麗娜，不久之後便離家出走；另一個女兒健康狀況不好，究竟是得了什麼病，我其實不是很確定，只知道一天到晚進進出出急診室和手術房。還有一個女兒還年輕，剛出社會不久，有時候勉強可以幫忙分擔房租，但基本上女兒們與孫子的生活起居，通通都是靠瑪麗娜替客戶打掃的那份微薄薪水在支付。

她在跟我說這些事的時候，都是一副「人生，是苦的，也是甜的」的模樣。那樣淡淡的哀傷，而不是怨天尤人的抱怨，反而是我這個聽的人心都碎了滿地。

瑪麗娜是客戶 S 先生一家人家裡的打掃阿姨。我在美國工作將近十年了，在三分之二的時間裡，她是我最親密的同事，也是每次上班掏心掏肺、最期待見到的對象。她告訴我的每一件事情，我都珍藏在記事本裡。這本書裡有很多很多的故事都是來自她告訴我的人生插曲。

瑪麗娜最喜歡講我剛開始工作的那段時光。S 太太一連試用了好幾個廚師，瑪麗娜每一個都看在眼裡。瑪麗娜說，當試用到我的時候，那天晚上她回家告訴女兒們：「今天來了一個我特別喜歡的新廚師，她工作俐落，做人大方有禮，輕鬆又好相處。要是給我選的話，我希望太太就選她了。」我聽了臉紅，只能說謝謝。但她每幾個月就會把這件事提出來一次，好像要再三確認我能明白自己的好。說這個不是要炫耀什麼，只是你們知道，身邊有一個人不厭其煩地提醒你你有多好，是一件多麼奢侈的事情嗎？瑪麗娜就是這樣善良的人。

最後一次見到瑪麗娜是在幾個月前，我們好久沒敘舊了。她跟我說：「我愛我的家人，但有時候真的很累。千里迢迢來這裡工作，女兒跟孫子永遠都有煩惱不完的開銷，就算計算好了房租與生活費，只要人生一個意外，車壞了，女兒病了，就一毛錢都存不了，還負債累累。現在身體不如以往，工作起來這裡痛那裡痛，太吃力了。昨天晚上我跟女兒們說了一句話，把她們嚇得半死。我說我希望她們能夠趕快獨立，我想搬去一個便宜的小房間，不求她們養我，只想有時能安安靜靜，煩惱自己一個人就好。女兒們擔心地說：『媽，妳一個人住可以嗎？』」

瑪麗娜跟我說，她這輩子沒有一個人住過，長大成人之後就忙著結婚生子，照顧孩子，照顧孫子。從來沒想過，現在最大的心願竟然是希望可以自己一個人過生活。我想，她一定真的是很累了。

兩個星期前，我在外地工作時看到瑪麗娜的來電，一時覺得奇怪。她從來不會打電話給我，我們雖然工作上無話不談，但也僅只於工作上面的交集，互傳簡訊通常也是為了溝通工作相關事宜。下班之後，我知道她有一百件事情要照料，她也不曾在私人時間打電話給我。但是那天，看到她的號碼，雖然工作地點收訊不良，我依然接了電話。電話另一頭斷斷續續的，現在想起來，好在接了那通電話，因為那是我最後一次與她說話，是一段真的很美好的對話。

瑪麗娜說：「安娜，妳好嗎？好久沒連絡了，想告訴妳，我常常想著妳，希望妳一切都好。」話語中有種我形容不出來的感傷與憂愁。

我問瑪麗娜她好不好？她跟我說我們的客戶 S 先生和太太已經確定分居並且不會復合了。S 太太與小孩跟小狗們留在原本的住處，S 先生在附近又買了一棟房。瑪麗娜很辛苦，一個人要打掃兩間房子。她說：「我之前想要加薪，因為我八年來都沒有加過薪，但一直不敢問。後來妳鼓勵我與其要求加薪，不如要求只掃一個房子，錢一樣但是工作量少一點。我就是特別打來告訴妳，我聽取妳的建議這樣做了！現在我在 S 先生的小房子工作，不用打掃大房子，也不用照顧小孩，不必遛狗，真的輕鬆很多。」

聽到這個消息，我很替她高興，但不知道為什麼瑪麗娜的聲音依然很惆悵。直到我問她：「那 S 太太對於妳的離職反應還好嗎？找到新的打掃阿姨了嗎？」她說，找到是找到了，但是 S 太太對於她的辭職並不是很樂意。瑪麗娜提起過去這一年沒有休的假期，問 S 太太可不可以就折現付給她，然而 S 太太只是冷冷地回應：「妳已經不是我的員工了，我沒有必要付給妳。」我知道瑪麗娜聽了一定很受傷，對她這種誠實善良的人來說，錢根本不是重點。當然，幾百塊美金可以幫助她解決很多生活上的難題，但她最心痛的是，為一個家庭不眠不休付出了八年，拿最低的薪資，有多少假沒有休？多少超時的工作？錯過了多少家庭時光？她僅僅是因為身體狀況不好，要求調職，八年的情誼就這樣被冷冷衣袖一揮煙消雲散。

我聽了好傷心，但瑪麗娜用她一貫泰然的語氣說：「算了吧，現在真的輕鬆很多。妳要不要跟我一起吃午餐？我今天下午沒事。其實現在每天下午我都可以跟妳吃午餐了。」我跟她說我還在工作，過兩天要回台灣，但兩個星期後回來一定，一定要一起吃午餐。

打包準備回台灣的那天我在清冰箱，冰箱裡有好多工作剩餘的食材。我心想：「啊！不然拿去給瑪麗娜好了！順便把舊衣物整理給她女兒，還可以照約定吃個午餐。」最後一忙也就懶了，作罷。將食材隨便給了鄰居，回了一趟台灣再回到洛杉磯，沒過幾天就接到她中風過世的電話。

稍微欣慰的是，打電話通知我的是 S 先生，他說他會負擔所有的喪禮費用，希望能讓她的家人能夠減輕一些負擔。這本書裡寫了很多幫傭犧牲自己去照顧別人的家，S 先生的慷慨，讓我看到也許某些幸運的幫傭阿姨，用經年累月的犧牲最後換來互相照料。

雖然我是百般不捨，但根據天主教（瑪麗娜的宗教信仰）的說法，你的存在是神給你的目的，所有的考驗也是祂給你的試煉過程。等到祂覺得你合格了，祂就會把你帶走，帶離所有的苦難，真正的回家。希望瑪麗娜終於能夠回到她想要的小房子，總算可以開開心心，不用煩惱，一個人過生活了。

瑪麗娜離開已經又過了好一段時間，我的生活裡少了一個重要的人，但日子依舊，上班照常。不知道是欣慰還是心酸，看著在超市裡買菜、在院子裡打掃、在路旁遛狗的阿姨，我依然無時無刻都看到瑪麗娜的身影。不僅僅是因為我很想念她，瑪麗娜的故事與像她這樣的人，是美國很多拉美裔家庭的寫照。不被重視的一群人，默默地為另一家人付出。自己的生活苦得不得了，卻仍有超能力照亮身邊的所有人。我告訴自己，一定要把她的故事寫下來，因為多一個人看了就多一個人記得她；多一個人記得她，就多一個人感受到愛。

SCENE

飲食邪教大本營

TAKE

THREE

飲食邪教大本營

洛杉磯是個特別的城市，有著大家熟知的好萊塢電影產業，從製作經費上億的科幻大戲《星際大戰》到小成本的情境喜劇《六人行》都在這。因為好萊塢，洛杉磯擠入數百萬抱有明星夢的演員，每天都在試鏡，拍攝網路短片，嘗試單口相聲，做模特兒，等待發跡的那一天。我們在台灣不是很愛開玩笑，說路上招牌砸下來隨便都會打到大學生，在洛杉磯是這樣，你走進的每一間餐館，幫你點餐倒水的服務生八九不離十都是做著明星夢的超帥超正演員，去咖啡廳看到拿著筆電敲敲打打的宅男不是正在寫腳本，就是在找拍片資金的製作人。在娛樂圈如此密集的城市，每個人每天都會去健身房做皮拉提斯，而且幾乎無時無刻都在減肥。

無論你奉行的是何種特殊飲食法，目的都在於讓自己看起來（或是感覺起來）更輕盈，由內而外散發出自信的光彩！這城市除了有大量吃素的人口，醫師與營養師不斷發表各式各樣對人體有害無益的食療理論，今天是米，明天是馬鈴薯，後天是牛奶……幾乎吃什麼都中標。我剛開始做私人廚師的時候，非常不理解為什麼整個城市的人對食物都有深深的恐懼，那是多麼悲傷的一種生活方式。接著我漸漸開始搞懂，每個人都希望可以延緩老化。在洛杉磯這樣一個追夢的城市，年輕、健康與貌美是每個人最重要的資本，就像手模會花大錢去保養指甲，運動員必須做重量訓練，而既然生活在演藝重鎮……你懂我的意思了吧。

以澱粉來說，除了精緻澱粉之外，小麥澱粉是名人圈近年來最惡名昭彰的開砲對象。麵包、義大利麵、貝果、馬芬、蛋糕，任何用麵粉做的食物，在洛杉磯的許多店家正默默被所謂的「無麩質」麵粉取代。無麩質的麵粉基本上就是用其他非小麥的穀物研磨成粉，像是石磨的米粉、燕麥粉、堅果粉等等。你問我吃起來如何？吃起來大概就跟瓦楞紙差不多的口感吧！一間餐廳如果沒有無麩質的飲食選擇，基本上在洛杉磯就是不上道。

越來越多人宣稱自己有「小麥不適症」，而這些病症⋯⋯無論是道聽塗說還是煞有其事，反正各有各的信徒。以科學角度來分析，小麥確實是比較不容易消化的食材，麵粉遇水再經由搓揉攪拌之後，會產生一種質黏的「麵筋」，就像小時候媽媽會告誡你粽子吃多了對胃不好，因為糯米性黏，會給腸道帶來負擔。麵筋不僅黏，同時還有韌性，自然不好消化。但另外有一派人跟著質疑了起來？小麥製品自古年來一直都是許多文明的主食，為什麼以前的人沒有消化不了小麥的問題，反而近十年才來靠北吃麵食造成了各式各樣的生理不適？又某些國家如義大利、法國、中國以及台灣，也是麵吃得兇，水餃照嗑，怎麼就沒聽說吃了不舒服？

美國記者暨專欄作家麥可・波倫（Michael Pollen）將他的書籍《烹》拍攝成同名紀錄片在 Netflix 播放，片中試圖挖掘這麼一個理論：作者認為，美國近年來出現的小麥不適症，與十九世紀工業革命之後以機械方式大量製造出的精緻化白吐司有關。白吐司口感綿密，滋味香甜回甘，但是將一顆完整的麥穀以機器磨去最富含維生素與礦物質的外殼之後，留下的是中心毫無營養價值的碳水化合物。白吐司誕生之後，食品公司嘗試在上頭添加防腐劑與各種化學成分，讓吐司可以更長時間保持這樣人人都愛的柔軟質地。加工處理之後的白吐司再也不需要像以前那樣發酵、醒麵。以商業角度來看，的確是用更短的時間製作出更討喜的商品，然而長年以這種加工產品做為主食，對人體所造成的傷害終於在近十年得到驗證。他在片中更加以證實，有許多「宣稱」自己有小麥不適症的民眾，到了其他國家食用了非精製加工過的麵食，身體竟然沒有任何不適反應！

我個人是有點被他說服了，但麥可・波倫一個人無法改變全世界。想在洛杉磯靠做菜混口飯吃，把特殊飲食加到履歷表上，就可以看到飛黃騰達的未來。這幾年不是我老李賣瓜，我的無麩質烘焙技巧已經到了出神入化的境界，任何東西我都可以不用麵粉但依然達到類似的成果，就算可以嚐出差別，也絕對不會讓人有「我寧願要麵粉」的想法。近年來我甚至開始研究每一種粉類的風味與烘焙特性，用蕎麥磨成的粉除了顏色酷炫之外，強烈的甘草味自成一格；燕麥粉口感溫和，加入一部分的糯米粉或是地瓜粉，可使麵團黏性增加，烘焙出來的成果幾可亂真。托懼怕麵筋的廣大洛杉磯民眾之福，一旦把無麩質料理搞定了，無蛋奶料理根本就是兒戲一場！接著再朝素食和生食料理精進，管他是舊石器時代飲食、生酮飲食還是阿金飲食法，這世界上已經沒有什麼食療邪教可以嚇唬我了。

但若是你問我，如果可以把健康的料理做得這麼好吃，我會不會想要改變飲食習慣？我只能說，有些東西吃了對身體有益，但有些東西不吃對不起自己！

邪教蛋糕

對於小麥與乳製品過敏的人，應該時常因為不能享受甜點而躲在角落飲恨哭泣吧？別哭，還記得 Lady M 用千層蛋糕席捲全球嗎？這個食譜正是要來挑戰沒有麵粉的可麗餅與沒有奶蛋的卡式達餡。因為用椰奶取代了鮮奶，我特地加了從香蘭葉（pandan）萃取的香精，吃起來有濃濃的娘惹南洋風味。若是買不到香蘭葉精，也可以使用杏仁露或者直接跳過不加。這個配方可以做出十五層的六吋小千層，適合四人分食。想要疊得更高，或是餅皮煎得大張一點，記得將份量加倍。

娘惹風味全素卡式達餡

椰奶 2.5 杯

無鹽開心果 1/3 杯

砂糖 4 大匙

玉米澱粉 3-4 大匙：喜歡餡軟一點就 3 大匙，硬一點就 4 大匙，越結實組裝時越不易坍塌

香草精 1 小匙

香蘭葉精 1 小匙（可省略）

無麩質可麗餅皮

無麩質多用途麵粉 1 杯

三仙膠 1/4 小匙（市售無麩質麵粉通常已添加此成分，若無添加才須另外準備）

砂糖 2 大匙

鹽 1/8 小匙（少許）

雞蛋 2 顆

椰子油 2 大匙

潮奶 2 杯（見食譜〈自製潮奶〉）或是直接用牛奶也行

製作卡式達餡

除了香草精與香蘭葉精，將其他所有材料放入果汁機打到順滑，直到完全看不見開心果仁的顆粒。

取一小湯鍋，倒入打好的醬汁，開中火煮到沸騰，全程不停攪拌直到質地變得濃稠，整個過程約 5 分鐘。

鍋子離火之後再加入香精，攪拌均勻。

將成品倒入耐熱容器，並趁熱立刻在卡式達餡的表面鋪上保鮮膜。保鮮膜必須跟餡料接觸，徹底阻絕空氣，這樣冷卻之後才不會起硬皮。放入冰箱冷藏 2 小時備用。

製作可麗餅皮

將所有材料放入果汁機打成均勻稀釋的麵糊。

使用 8 吋的不沾平底鍋，可以煎出直徑 6 吋的可麗餅皮。在平底鍋刷上薄薄一層油，倒入幾大匙的麵糊，轉動鍋子手把讓麵糊迅速地均勻攤開，用中火煎大約 1 到 2 分鐘，直到餅皮呈金黃色，翻面再煎 30 秒即可。

重複步驟直到用完所有麵糊，可以煎 15 到 20 張餅皮，然後放涼備用。

組裝蛋糕

所有食材都必須完全冷卻才能組裝。先鋪一層可麗餅皮，再均勻塗抹 2 大匙的卡式達醬，按照這樣的順序一層一層鋪上去，直到材料用盡。

剛完成的千層蛋糕或許會有些鬆動，用手掌從上方施加一點壓力，讓餡料與餅皮完全黏合。

餅皮會持續吸收卡式達餡的水分而變得更加柔軟，建議冰鎮 2 小時再享用。

健身網紅搏命演出

要在片廠生存需要有以下三個特質：首先是耐操能久站，再來，接到突如其來的無理要求時處變不驚，第三點就是要很會喇賽打發時間。以下這個故事就是本人在片場喇賽時聽到的。

有天我接了一個食物造型網路教學短片的工作，要在鏡頭前分享一些食物造型的撇步。這是我少數跨過攝影機後方走向幕前的機會，難免有點小緊張，拍攝前還特地減了幾天的澱粉，希望上鏡頭的時候可以上相一些。與我一起上鏡頭的除了我的攝影師艾德之外，還有一個節目主持人。

一大清早我扛著各種食物道具上工，拍攝地點就在離我家不遠的小攝影棚。這個攝影棚除了拍攝食物相關的影像之外，最常接到的案件就是各種健身短片。我的攝影師艾德專拍美食，而他的合夥人則專拍健身影片，兩個人的案量加起來正好可以維持這個小攝影棚的生計。

「你知道這些健身影片的幕後有多恐怖嗎？」艾德一邊幫我搬東西的時候一邊分享了這個故事。

基本上，平面商業攝影拍攝模特兒都會使用 Photoshop 來修圖。大家都知道，就算是大明星，本人也不可能像雜誌上那樣完美，修小臉、小蠻腰、橘皮，加個濾鏡，都是普世價值了。但是動態影片則是另一回事，除非你是億萬製作的好萊塢大片，一般影片製作是沒有預算去「修影片」的。動態影片的修圖等同視覺特效，要價不凡，更何況一般健身教練的網路影片都是小成本粗製濫作，拍攝健身影片的模特兒們沒辦法仰賴特效的幫助，每個人都必須卯起來瘦！

模特兒各有偏方讓自己在鏡頭前面更上相，譬如說，有些健美模特兒會在開拍前幾天就斷食，只喝流質食物，讓自己短期內再掉個幾公斤，拍攝當天狂喝黑咖啡或是茶，因為這樣能夠利尿排水腫。這種飲食如果只是偶爾用一用是不會出人命的，但是當這些健美模特兒要連續做一整天的健身操，在身體沒有熱量的情況下用力燃燒僅剩的脂肪，心跳因為咖啡因本來就已經偏高，還要再做有氧，要這樣撐過一整天的拍攝，簡直是身體與意志力的挑戰。

我跟艾德兩人同是美食愛好者，彼此看了一下最近又吃胖了的小腹，好慶幸今天拍的主角是食物，不是我們健身的過程。這時候拍攝團隊差不多架設好器材，等我快速化個妝就開拍。

艾德繼續跟大家說故事。這些健美模特兒還會帶一票小跟班，目的就是在拍片空檔要信心喊話，不停稱讚他們：「啊！腹肌線條好美。啊！背部曲線有夠讚！啊！二頭肌性感得不得了！」讓他們的腎上腺素能夠一舉升到最高點。拍攝到了下午，模特兒的體力已達極限，現場還會有醫護人員隨行和氧氣筒待命，看這些餓到病態的健身模特兒誰極需氧氣提神，或是有人昏倒了可以就近急救。艾德說：「妳覺得很誇張嗎？昏倒的情形不勝枚舉！」我聽完下巴掉下來。好一個「健康」的假象，又有多少人買單？

荒唐的故事聽完，妝也胡亂畫好了。主持人問我上鏡頭會不會緊張？我回他：「請對著我的蘋果派說，啊！好美的光澤！好多汁的果肉！有夠性感的派皮！我準備好了！」

人生勝利組超市

美國有一間連鎖超市叫做 Whole Foods Market。這間超市的食品大多是有機和無基改，清楚標示來源，包裝美觀，主打健康，營造一種來這邊消費即是「高品質人生」的概念，想當然價格也硬是比其他超市貴了一截。除了數不盡的秤重計價進口乳酪、高級冷食與熱食自助餐，還有純天然保養品與禪意十足的香氛產品，任何商品你都可以在這裡找到比市價昂貴三倍、「更健康」、「更講究」的選擇。

你如果走進 Whole Foods 想要買一杯汽水，這裡是不賣可口可樂的，在氣泡飲料區取而代之的是其他使用有機蔗糖、移除人工香精與化學添加物的「模仿可樂」，可能是從有機草莓萃取出來的草莓碳酸飲，或是香草提煉的高級氣泡水，喝起來當然不是可樂的味道，但很多人覺得喝得安心，對身體沒負擔。若你想喝任何平常我們會加牛奶的飲品，例如咖啡、茶、奶昔等等，通常也會有不下數十種「替代乳」的選擇。因為有些醫學研究報導指出，牛奶會增加一個人的膽固醇的攝取，鈣質的含量也不敵其他非乳製產品，加上乳糖不適症的人口越來越多，於是椰奶、杏仁奶、腰果奶、白米漿奶、糙米漿奶，基本上任何可以用果汁機打成乳狀的堅果、種籽、穀物，在 Whole Foods 都可以變成替代乳製品的新寵兒。這些不是牛奶的奶，我都叫它們「潮奶」（hipster milk）。我的身體對於乳製品承受度超高，所以對於潮奶這東西，本人就不予置評了。但訪問了不少有消化障礙的人，目前普遍的反應是燕麥奶最香醇，最接近牛奶的口味與質感。

有時候我深信，是 Whole Foods 跟喜愛瘦身（健身）的好萊塢名媛改造了整個美國的飲食潮流。Whole Foods 爆紅的原因，在於它的規模跟主流的超級市場一樣大（你可以在一間店就把所有雜貨清單都買齊），但產品獨特性有如你家巷口老闆娘親自下鄉挑選來的有機無毒掛保證好物，最後再用精美的包裝讓消費者相信這是一種人生勝利組的最佳體現。有一次我聽到某個知名樂團男主唱上節目，被主持人問說：「你感覺是一個情場殺手，最推薦的把妹邂逅祕訣跟觀眾分享一下？」該主唱立刻回答說：「去 Whole Foods ！因為會去那裡買菜的女孩都比較注重身材與健康，會下廚，而且往往經濟比較獨立。」講到這裡，大家應該對於這個超市有很多的想像空間吧！

工作緣故，我一週去 Whole Foods 的次數非常頻繁。我時常遇到很多目中無人，穿著名牌緊身瑜伽褲，怕沾到手推車上面的細菌，於是推擠你要搶先去拿超市提供的抗菌紙巾，一群超有錢但是臉超屎的中年婦女。還有一些是停車技術不好，硬是亂停，一車佔了兩個車位，下了車頭髮一甩，名牌包提在手上一點也不在意，低頭看手機插隊也不道歉的少奶奶們。

欸，如果說這世界上要選一個跟台灣的傳統市場完全相反的場合，真是非 Whole Foods 莫屬。身為從小在熟悉菜市場環境長大的台灣人，我依然在這裡建立了一個小熟人圈。位在聖塔莫妮卡二十三街與威爾夏大道的 Whole Foods 是我最常光顧的直營店，這間店座落在兩個重要客戶的家中間，所以無論是去哪一個客戶家工作，二十三街的直營店都可以讓我順路買好所有的東西。我這幾年去這間超市的次數可能不下千次（不誇張，千次至少），從我開進停車場的那一刻，泊車大哥就會跟我點頭示意，店內百分之九十五的商品放在哪一個走道，我閉著眼都可以摸得出來。海鮮跟肉品區的工作人員跟我尤其麻吉，因為這兩項產品通常都要麻煩他們幫我秤重標價，我今天買得比較少，他們就會調侃我說最近是不是偷懶，今天買得比較多，他們就會問我是有沒有要邀請大家一起去吃？我有一個專屬的肉販路易，我連他家養了幾隻狗，女兒今年大學幾年級都數得出來。結帳小組通常也是最會話家常的一群人，因為我買的東西不少，所以花很多時間在結帳櫃台等待，誰特別會打包雜貨動作快狠準，誰比較親切，誰最三八好聊，問我就對了。

這幾年走進 Whole Foods，對我來說就像走進傳統市集一樣親切，這讓我了解到一件事——人，才是一個地方溫不溫暖的關鍵。同一個地方去久了（家裡樓下騎樓菜市場），結識了一群認真工作的組員（買肉送蔥阿桑），只要你也帶著笑容，就算是去全美價格最不親民的超級市場，也可以像是回家一樣溫暖。

在這裡跟大家分享一個結帳的小撇步：通常幫你把雜貨裝袋的人員

不一定打包得很仔細，我都會在陳列結帳貨品的時候就自行分配好要先裝袋的順序，牛奶液體罐頭等比較重的產品要最先結帳，這樣就可以直接放進袋子的最下層，提供穩固的基礎，而且不會把其他東西壓扁；接著是肉品，肉品最好也放在下層，中間用一些馬鈴薯、花椰菜、不能生吃的產品當作隔間，以防生肉汁在開車的過程不小心溢出，肉水沾到生菜上就不衛生了。生菜、機蛋、莓果類最後才結帳，因為這些物品比較脆弱，放在最上層才是上策。如果胡亂把所有產品全都攤在結帳台上，結帳人員也會因此隨便給你亂塞一通，拿回家之後很令人頭痛。

自製潮奶

潮奶的誕生不僅拯救了廣大乳糖不耐的民眾，還可降低膽固醇，提高良性脂肪攝取。潮奶的蛋白質與鈣質含量也不輸牛奶，可惜市售潮奶的堅果比例相當吝嗇，某些廠牌甚至不到百分之二。這個萬用堅果奶配方只要謹記一比四的黃金比例，在家就可做出比任何市售商品更高品質的潮奶，用來配咖啡、吃燕麥穀物粥都合適。自製潮奶可以直接飲用，若有時間放入鍋中熬煮會更加香醇。

材料

無鹽堅果 1 杯，建議選用杏仁、花生、開心果、腰果、
夏威夷豆、芝麻、燕麥、核桃

蒸餾水 4 杯

入門版

將 1 杯的自選堅果放入大碗，加入乾淨的蒸餾水淹沒浸泡至少 8 小時。

堅果瀝乾水分後倒入果汁機，加入 4 杯蒸餾水，高速攪打 1 至 2 分鐘，直到完全滑順。

將打好的堅果倒入細砂網或是棉布袋，用手擠出所有水分，潮奶就完成了。可放入冰箱冷藏，隨時取用。

進階版

將入門版潮奶倒入鍋中煮沸，再轉小火慢慢加熱 20 分鐘，全程須不時攪拌，防止鍋底燒焦。

煮熟之後的潮奶可依照個人口味，加入 1 小匙的香草精、肉桂粉或可可粉調味，也可拌入適量的蜂蜜或果糖調整甜度。

冷藏可保存三個星期，使用前攪拌均勻即可。

美國沒有菜市場

上一篇聊到美國的超高級大賣場，這一篇我想要來介紹另一個美國獨有的買菜文化，叫做農夫市集。剛搬來加州的時候，我住在離海很近的聖塔莫妮卡。洛杉磯是全美氣候最宜人的城市，而聖塔莫妮卡又濱海，最多有錢人集聚。這裡的農夫市集有著全美最令人稱羨的農產商品，甚至連紐約許多高級餐廳都會跟這些農夫訂貨空運到東岸。

在此我要跟各位解釋農夫市集跟台灣傳統市場的差異。我一開始到美國，對於沒有菜市場這件事情感到十分困擾，所有的東西都要去超市買，有些東西還不能零買或是親手挑，都已經秤好包在塑膠盒裡一份一份地賣，一點人情味都沒有。後來聽說有農夫市集，以為那就是美國版的菜市場，滿心期待去逛了以後發現，腰瘦！怎麼一斤水果賣得比超市還要貴？

事情是這樣的，農夫市集不像傳統菜市場一樣每天都有，通常一個定點一個星期只會有一次。為了這一週一次的集會，該市區通常會把一整條街封起來給菜販擺攤。而這些攤販通常都是經過審核的農家，以洛杉磯來說的話，農夫市集攤販都是來自加州境內的中小型農家，產品不一定要有機認證，但是必須要是加州「在地」生產。這個地域性的限制是為了確保產品的新鮮程度，所有的產品都是「當季」，更精準地說其實是「當週」最黃金的賞味期限。農夫通常也都會親自過來販售自己種的產品，而且在這裡買到的農產品是一般超市買不到的。

這些小農有點像是執著的藝術家，不斷嘗試新的肥料與溫度，甚至是新的跨種繁殖技術，農夫市集則是他們的伸展台，讓他們展示以光合作用與泥土、水分創作出的藝術品。

以番茄為例，同樣是番茄，在農夫市集你可以買到比手掌還大、外形其貌不揚的祖傳番茄（heirloom tomato），也可以買到比你小拇指指甲還要小的珍珠番茄（pearl tomato），味道各有千秋。我喜歡去農夫市集買連根帶葉的七彩小蘿蔔，這種蘿蔔不但拍照起來超美，因為體積小，甜度也相對高，皮薄，拿來沾醬生吃或是佐沙拉特別合適。我還喜歡買一種特別的菠菜，吃起來牙齒不會有澀澀的感覺。藍莓、草莓、覆盆莓，通常在超市買的都有點偏酸，因為這些大量採收的莓果很多時候必須提前採收，並不是滋味最好的時辰。但農夫市集的莓果可就完全不同凡響了。如果你在草莓季節去過苗栗大湖，對全世界的草莓一定都會嗤之以鼻，可我的老天，加州農夫市集的莓果真是好吃到讓人大吃一驚，定價也是，一小盒就要八美金，十分珍貴。

美國農夫市集另一個有趣的現象，就是你會遇見非常多有名的廚師。高級餐廳的主廚們每個星期抱著朝聖加做功課的心態，來到農夫市集挖寶，尋找靈感。在這裡買到的當季食材既美味又稀有，絕對不會跟一般叫批發貨的平庸餐廳「撞菜」，還可順道與同行交流料理心

CHEGWORTH
VALLEY
Fruit Table
take a bag
choose yoursel
Pears
kg. Pick+mix
HASS AVOCADO
(spain)
£1.30 each
NEW SEASON
ORGANIC
DAMSON
PLUM
FROM OUR FARM
UK
VERY SHARP, GREAT FOR JAM!
ORGANIC!
Only £2
DEALS
FROM OUR
FARM
£2.50

得，與充分掌控土地和濕度、才華洋溢的農夫搏感情。美國的高級餐飲業與農夫市集密不可分，一週不逛農夫市集的大廚面目可憎。是不是有這麼誇張？是的，農夫市集的地位就是如此崇高，農夫市集不是你家巷口的菜市場，農夫市集是每週一次的飲食博覽會、飲食藝廊、飲食社交場合，入場費就是每一斤單價昂貴的新鮮食物。

減肥與盧廣仲

這篇故事要獻給所有胖的、瘦的，和愛吃又總是想減肥的人。

身為一個美食愛好者，我的專長、嗜好、職業、私人生活，基本上全都拿來吃東西了。旅遊的時候，有些人可以三餐只靠簡單的三明治、泡麵解決，每人心中對於「出來玩錢就是要花下去」這個定義不太相同，有人一定要逛街購物、衝博物館、住五星級飯店、打卡名勝古蹟，對我來說，刀口永遠是花在嘴裡的美食。吃到美妙的一餐，鳥不拉屎的小鎮也迷人；若踩到地雷餐，此地不宜久留。可惜不是每個人都把吃看得那麼重要，這就是為什麼我很習慣獨自旅行，要是有個不愛吃的旅伴，真的會傷透腦筋。我的旅行風格是去哪裡、做什麼都無所謂，但每餐一定要精心計畫，熱門餐廳要早早訂位，玩樂景點是根據吃飯路線來安排，儘管只是吃個路邊攤，也要提前搜索評價再萬中選一。

我對於美食的熱愛並不是根據價位來決定，這樣說或許有點機車，但我的哲學是：不管吃什麼，每餐都要吃得有意義！一個樂活的人生不該只是「裹腹」而已，就以泡麵來說，凌晨兩點，泡完夜店吃的宿醉維力炸醬麵是氣氛；高山露營冷得要死，來碗熱呼呼的牛肉泡麵是浪漫。沒有預算？自己煮個白粥配幾碟罐頭小菜也可以很有禪意。不管怎樣，吃東西如果只為了維生，人生背景音樂未免下得太心酸。我這人不擅處理心酸的情緒，我只知道好好吃一頓飯的爽度，可以媲美不插電的盧廣仲。

愛吃的結果當然就是發胖，而發胖的結果就是得減肥。這年頭真的非常難做人，以前住台灣的時候，只要不是纖細的紙片人就會被喊胖，後來搬到熱愛健身的洛杉磯，若沒有肌肉、胸不夠大、屁股不翹，就會被嫌不健康。在洛杉磯好看的女生，去到台灣就是「壯」、「粗勇」，然而台灣看起來正的，放在洛杉磯就是「病態瘦」、「不性感」。這些關於身材上的評論，不僅沒有必要，甚至我覺得相當惡毒。身材這件事，是唯一全世界人類都平等擁有的資產。因為你無法去批評一個人的財富高低，不管是羨慕還是嫉妒一個有錢人，或是取笑一個窮光蛋，都沒有意義，因為你知道社會是不公平的，財富並不是平等的。但身材這件事，只要肯努力，每個人都可以擁有好身材。正因為這種平起平坐的心態，讓許多人輕易去評論另一個人的身形，也因為很多人無心的一句話，全世界的人都默默決定自己並不喜歡自己的樣貌。

我有一個助理，長得非常好看，她的上半身是名模標準身材，尖尖的下巴，瘦長的手臂，腰間沒有半點贅肉，但很奇妙的，她的下半身非常豐滿，與她上半身截然不同。我個人覺得沒什麼不妥，甚至在大多數老外眼中這是完美的組合，但她個人卻非常不滿意自己的身形。我認識她已經八年了，印象中她無時無刻都在減肥。每次我們拍片遇到中午放飯，跟她一起吃飯就像在看恐怖片一樣，慘不忍睹：通常她的餐盤上會有一小碟沙拉，一小片肉，然後一份甜點，但她總是每一道菜都只吃一口，其他全部都扔掉了。有一次午餐的菜色是烤雞翅，一份雞翅有五隻，我看她用刀叉小心翼翼地把一支雞翅上面的肉一點一點刮下，去皮，然後再切成指甲般大小，一小口一小口放入嘴裡。整個用餐三十分鐘，她只吃了一支雞翅，而我坐在她對面狼吞虎嚥地吃完整個套餐外加甜點。她伸了個懶腰跟我說：「好飽！」然後把其餘四支雞翅打包放進袋子。難道看別人吃飯也可以有飽足感？我問她：「妳吃這麼少，難道不會餓嗎？」

她回答：「我是易胖體質，從小到大已經習慣少量多餐了。重點不是吃飽，只要不會餓就好了。」

我相信對她來說，「瘦」帶給她的喜悅，遠遠大於享用美食，只是很難想像，這樣的人怎麼會決定來從事食品相關產業？

有些人說：「減肥運動不只是為了好看，還為了健康。」身體健康很重要，但心理健康呢？「開心」難道不性感嗎？我覺得開心非常性感。「自信」難道沒有魅力？自信真他媽超有魅力！很可惜大多數人，不管是男人還是女人，無法想像內心的快樂並不需要與外在條件畫上等號，總是覺得不瘦怎麼能有自信？不美（帥）怎麼會開心？事實上，我可以想到一百個原因。事業有成的人散發的魄力，讓他就算相貌平平依然不乏追求者。有才華的藝人更是，你能說盧廣仲沒有魅力嗎？盧廣仲在我心目中超帥！再說一個大家都能聯想的例子，熱戀中或是新婚的眷侶，不是常被人說「幸福得發胖」嗎？我並不是要建議大家都去追求內在美，外表就放給他爛這樣，單純只是想指出人生還有千百個值得追求的目標，到頭來，外表真的就是自己怎麼看待自己。

每個人的交友圈總是會有這麼一個人，放一張明明就很好看的自拍，下方註記：「最近好浮腫。」說實在的，旁人根本看不出來。放這張照片，說這句話，目的是什麼？討拍。但深究為什麼一個漂亮的女生需要討拍呢？因為這個人不夠欣賞自己，需要整個網路世界當她的啦啦隊；又或者她其實很欣賞自己，但不好意思說出來，需要整個網路世界讓她爽一下。不管是前者還是後者，都證明了她並不在乎自己怎麼看自己，她更在乎的，是其他人短短一秒鐘的評論。

我媽是個毫不吝嗇批評身材的超級直腸子。有些媽媽總是怕小孩餓到，飯桌上狂夾菜，我媽不一樣，她走「飯不要全都吃完」路線，深怕我吃多。我剛到美國的前幾年胖了不少，一來是因為美國食物份量很大，二來也是因為我的職業，所有美食實驗、嚐鮮，任何跟吃相關的事物，我都覺得是在替未來的事業鋪路打底，理直氣壯地沉浸其中。再來就是沒有運動，當初搬到一個人生地不熟的國度，我承認，「運動」這件事並不在我的人生待辦事項裡。吃、小酌、工作、睡覺，我當時的人生是以這樣的排序在運作的，其中最前面的兩個順位造就了體重上升這個不爭的事實。

第一年返家，我胖了五公斤，我媽除了每天碎唸之外，在親戚聚會上更是不斷把「發福」這個字眼拿出來調侃。第二年，我又胖了五公斤，我媽這時已經不覺得發福是可以拿來開玩笑的話題了，她「警告我」再這樣下去，我會變成高血壓糖尿病沒人愛嫁不出去四神湯。

早上起床，她會在我枕頭旁邊放幾篇關於減重的報章雜誌，祝我有個美好的一天。與朋友聚餐的時候更難熬，難得回台灣一趟，見到友人卻要面對一堆冷嘲熱諷。「在美國吃得很好嘛！」「日子過得很爽喔。」「一點也不像窮學生啊。」基本上就是用各種方式間接地說妳變胖了。跟朋友聚餐完回到家，我媽並不理解思念家鄉食物的遊子情緒，她也不理解「愛吃」才能讓我在職場上更有競爭力，只說：「胖成這樣了還每天出去聚餐。」我理解這些話或許是無心的，甚至是出於好意，關心我，愛我，但不代表不傷人呀！

漸漸地，我開始不太敢吃東西，甚至吃到美食的時候已感受不到盧廣仲在身邊彈彈小吉他那種幸福愜意的節拍，迴盪在腦後的是一股深深的罪惡感。身為廚師卻懼怕美食？有陣子我甚至不喜歡回台灣了。品頭論足一個人的身材，用意為何？我至今始終無法理解，並且強力譴責這種行為。

我媽並不是最誇張的。我有個朋友在洛杉磯當家教，專門帶還沒上幼稚園的孩子。她的客戶曾經是模特兒，後來嫁給知名棒球選手，退休過著少奶奶的生活。儘管已是兩個孩子的媽，這位名模依然非常注重身材，除了日常生活節制飲食之外，她更注重家裡兩個未滿五歲、正值幼兒發育期的女兒每天吃什麼。在這個名模之家，蔗糖是完全不被容許的。小孩子並不知道什麼是蛋糕、糖果，也沒嚐過冰淇淋，更別說喝飲料。這位太太最瘋狂的地方在於連水果都不讓她的小孩吃！某天早上我朋友去帶小孩，這位名模媽媽翻了個白眼說：「不要說我沒警告妳喔，這兩隻今天很難搞。都是草莓的錯！」我朋友十分困惑。名模太太解釋：「我平常不准她們吃糖，就連水果也不行，頂多晚餐後讓她們吃兩片柳橙當甜點。妳知道水果裡面的含糖量有多高嗎？」這位太太，妳知道水果裡面也有纖維質與維他命嗎？讓妳的小孩有個健全的童年好嗎？

我沒有這樣瘋狂的媽媽在身邊，於是住美國的第三年，我又胖了五公斤。其實以前我算是個瘦子，所以儘管三年胖了十五公斤，也還稱不上超重，頂多「微肉」罷了（從 S 號變成 M 號）。在美國，偶爾還會被誇身材好，但是每到一年一度返鄉時刻，一想到回台灣得接受各路人馬「日子過很爽」的評語，就覺得肚爛！但台灣是我的家鄉，美食也是我選擇的畢生職業，與其讓這些負能量拉垮我，讓我懷疑人生，跟我助理一樣有厭食症，我決定把機歪評語化成動力開始減肥！

坊間有各種控制飲食的理論，但大方向都是類似的——減少澱粉和糖分的攝取，多喝水，多運動。如果是特別喜歡喝酒的人，聽說光是戒酒，其他什麼都不做，也會立刻見效，瘦得比什麼都快！於是三個月的時間，澱粉戒了，酒也停了，開始游泳、慢跑，直到上飛機前，我的體重竟然瘦了十公斤！

我在減肥的這段期間，有些私廚客戶也跟風一起來限制飲食。每個客戶都有一套理論，大家都很熱心地傳授給我各種減重祕訣。其中一個最走火入魔的客戶，竟然還印了一份講義給我，那是她十年前懷孕生產完去參加的「超極端」減重訓練營。這個訓練營的創始人我們就稱他為 Dr. Crazy 好了，因為人如其名，他的減重計畫根本就不是正常人能夠理解，更不用說實踐了！

Dr. Crazy 的飲食法：無油，無糖，無澱粉，無鹽。但除了這四大方針之外，還有各式各樣完全不合邏輯的規定，例如一天可以吃兩次水果，但是水果不能混著吃，如果今天你想吃一顆橘子還有一顆葡萄柚，你不能早晚各吃一半，一次只能吃一種，早上橘子晚上柚子，或是晚上柚子早上橘子，就是不能拆半吃。再來，他對於水果有另一個奇怪的理論：水果是以顆計算，一顆跟手掌一樣大的蘋果，「能量」等同於一顆跟乒乓球一樣小的蘋果。沒錯，他用「能量」而不是「熱量」來形容食物。所以如果以飽足感為前題，Dr.Crazy 建議大家在水果攤前努力尋找體積最大的水果。蔬菜也是同樣的道理，今天清水煮蔬菜，熱量零，但 Dr.Crazy 說不能混合，要不就是一鍋清水煮花椰菜，要不然就是一鍋清水煮菠菜，千萬不能把花椰菜跟波菜混在一起煮了！能量不一樣！ Dr.Crazy 還說，如果你這個星期都有按照他的計畫進行，那週末早上的那杯黑咖啡，你可以加入一小匙的牛奶犒賞自己。

牛奶？什麼時候一匙牛奶可以跟獎賞畫上等號了？我看完這篇邪教講義之後，瞠目結舌，久久無法自己。究竟是腦袋要多秀逗，才會相信這個江湖術士的胡言亂語？

瘦身之後，回台灣的那趟旅程我接收到了不少讚美。媽媽最開心了，但依然不忘告誡我繼續努力，不得鬆懈。我感覺雖然輕盈許多，但說實在的內心卻很沉重。確實，身形「好看」能帶給人愉悅感，但「好吃」對我來說永遠無可取代，是一種心靈上的滿足。在台灣大吃大喝之後回到美國，儘管沒有全部復胖回來，但體重確實緩緩上升。感覺好像我的身材與開心的程度永遠都成反比，是一場永無止境的拉鋸戰。每當吃了一頓很棒的晚餐，媽媽的聲音就會像警鐘一樣在耳邊迴盪。

其實我沒有要怪我媽的意思啦，我當然知道媽媽的愛心，她們總是用獨特的方式來表達關愛，罵你衣服穿太少是怕你著涼，唸你工作不存錢是擔心你的未來。對我媽來說，開不開心壓根不是考慮的重點。她擔心的是我的健康狀況，沒有了健康，哪來的開心？但我很難向她解釋，我看世界的方式跟她剛好相反——不開心，哪來的健康？

話說回來，媽媽可以說風涼話，但其他人不可以！我不知道各位是否曾經下意識地對另外一位朋友說過「最近伙食很好」、「小腹很幸福」這類笑裡藏刀的嘴賤話，如果你沒有自覺，我認真懇請各位不要再這樣調侃別人了。美國有句俗話說得很好：「如果你的狗嘴吐不出象牙，那就請你乖乖閉上嘴巴。」

不要看我平常大剌剌的樣子，我其實花了很長一段時間才不再對於吃東西感到罪惡。現在的我已經取得平衡，找到幸福與發福之間的微妙關係：一個星期做點運動，酒已經非常少喝，但絕對是照吃，並且毫不後悔地吃！還是變胖怎麼辦？每年回台灣之前，我會執行為期一個月的低糖低卡短期「進廠保養」。就這樣，除了那一個月，我一整年都可以開開心心做自己最愛的事情了。

幸福快樂的人生對你來說是什麼？對我就是口腹之欲。無論別人怎麼說，我永遠會在這條路上任性地單獨旅行。

不可能只吃一支的烤雞翅

你是否覺得雞翅用烤的，脆度永遠不可能與油炸相提並論？但油炸食物吃了又好有罪惡感是嗎？對於肥胖，各種矛盾、期待又怕受傷害的心情，我懂，我真的懂！第一次聽到脆皮烤雞翅是在老牌廚師 Chef John 的個人 YouTube 頻道「Food Wishes」，這種脆皮風格的烤雞放了一個意想不到的祕密武器——泡打粉！泡打粉與雞皮本身的油脂遇熱之後產生劇烈的化學作用，讓完全沒放一滴油，而且還是用烤箱烤出來的雞翅，變出了彷彿油炸般以假亂真的脆皮！

烤雞翅

二節翅 16 支

鹽 3/4 小匙

孜然粉 1 小匙

白胡椒粉 1/2 小匙

泡打粉 1 大匙

醬汁

蜂蜜 2 大匙

醬油 1/4 杯

白醋 1 大匙

喜歡的辣椒醬 1 大匙

將所有調味料和泡打粉充分拌勻，平均灑在雞翅上。全部的調味料都要用完，仔細按摩並確認雞翅的每一個角落都沾滿。

在烤盤底部鋪上錫箔紙方便清理，再刷上一層薄薄的油以防沾黏。可以在烤盤上放一個大小相符的網架，平均鋪滿雞翅；若沒有烤盤網架，雞翅直接鋪在錫箔紙上即可。

烤箱預熱至攝氏 200 度（華氏 400 度），每隔 10 到 15 分鐘將雞翅翻面一次，總共四次，需要的時間大約 40 分鐘到 1 小時。各家烤箱屬性不同，還是要依照雞皮的金黃酥脆程度來斟酌烘烤的時間。

在翻面時若有發現白色的泡打粉殘留，可沾一點雞翅本身出的油在白點部位稍微塗抹，或是拿雞翅彼此互相按壓。

取一小碗，倒入醬汁材料全部攪拌均勻，然後在剛出爐的雞翅上按照個人喜好刷上醬汁。我比較喜歡輕輕點到為止，因為醬汁越豐厚，雞翅的脆口度也會降低。再說，不是要減肥嗎？

SCENE

好萊塢好棒棒？

TAKE

FOUR

丘奇先生

拍電影某種程度上有點像軍旅生活，任務得在設定的時間內達成，工作四處為家，團隊中的各種頭銜與官階，部門之間錯綜複雜的協調眉角，我到現在依然沒搞懂每一個人的職責所在。我只確定導演與製片毋庸置疑是最高總指揮，整艘戰艦都靠他們的指令前進，再來大概就是演員了。再來還有數百甚至數千個小螺絲釘，有些螺絲缺一不可，但有些就算不見了，說真的任務依舊可以照常運作。我的工作是一位食物造型師，在食物並不那麼搶戲的電影裡面，我就是個可有可無的角色。不需要特別替我覺得難過，因為每次換我發光發熱、下指導棋的時刻到來，我絕對拿出百分百的戰鬥力！

我在好萊塢第一次接到以食物為主軸的電影叫做《丘奇先生》，是在述說美國七〇年代一對白人母女瑪麗與夏洛特的故事。瑪麗的愛人過世之後，留給她一位黑人廚師丘奇先生。原本瑪麗想把廚師辭退，沒想到丘奇先生巧妙善用他的料理，打動了女兒夏洛特的心。丘奇先生悉心照料這對母女多年，漸漸成為家裡重要的一分子；後來丘奇先生年紀大了，夏洛特決定反過來照顧他，小時候時常在廚房看丘奇先生做菜的記憶，也讓她走進廚房。這個故事傳達的是一個「家傳」的概念，儘管沒有血緣關係，愛依然可以靠行動傳承下去。

劇本催淚到不行，我當初一邊讀著，一邊陷入了情感的自我投射。做為私人廚師，平常不在拍片現場的我就是照料陌生家庭的丘奇先生。

身為食物造型師，能夠接到以美食為主的電影，無論入行多久，都是可遇不可求的好機會，畢竟這類的劇情片並不是隨處可見。我那時還是好萊塢菜鳥，入行第二年依然有許多進步的空間，當自己終於可以在電影美食大展身手、獨當一面，就遇上一個我能夠順利帶入、揣摩的角色，似乎像是命中注定一樣，這麼想就一點都不緊張了。

丘奇先生的角色由艾迪・墨菲飾演，他當時已經息影第四年，許多人都在猜測他的下一步會何去何從。據說他接演這部溫馨感人的小成本獨立製作，是因為他非常想要轉型，演膩了各種誇張的喜劇片，希望能挑戰一些比較嚴肅、有深度的角色。飾演母親瑪麗與女兒夏洛特的演員，分別是娜塔莎・麥克洪（《楚門的世界》、《加州靡情》）與布麗特妮・羅伯森 （《明日世界》、《穹頂之下》），這兩位女演員雖然名氣沒有艾迪・墨菲來得大，但依然是許多美劇中家喻戶曉的班底。

丘奇先生的故事橫跨七〇與八〇年代的洛杉磯，於是拿到劇本之後，我首先的功課就是跑遍全城的二手書店，收購古早食譜。那個年代的食物跟現今截然不同，罐頭加工食品的運用承襲自六〇年代戰後美國的飲食習慣，但健康意識又比六〇年代來得講究。以故事裡設定的中低階級來說，烹調手法通常會以一半現成罐裝食物，混合一半新鮮手工製作，均衡了營養又不致荷包失血。視覺上來說，那個年代講究對稱、色彩鮮豔的擺盤，鳳梨切片、聖女小番茄、黑橄欖或是捲葉巴西利是餐盤上最常見的裝飾，有別於現代較為隨性、粗獷的風格。我畢竟沒有活在那個時代，必須經由資料蒐集才能確保食物呈現不失真，這對於古裝片來說是極為重要的，若是研究沒有做好，電影上映時可是會被刻薄的鄉民與影評人拿來開刀。

在這部電影擔任食物造型師，有非常多值得拿來說嘴的特殊待遇，譬如以前我去拍片，往往安排停車的地方都很遠，車停好了還要轉搭接駁車才能上工。這次為了讓食物能夠最新鮮快速地抵達現場，劇組特別租了一台移動餐車給我，上頭備有瓦斯爐、烤箱、水槽、冰箱以及冷凍庫，基本上就是一個完美的廚房。每天上工時，我的餐車總是停在離片場最近的入口，拉開鐵捲門就直接開店，連攝影組都得停在我後面！除此之外，有時我在一天之內得開自己的家用車出去採買兩、三趟，於是警衛每天都會幫我在片廠附近預留停車位，不用像其他人一樣得停在停車場再換接駁車。中午放飯的時候，竟然還會有人問我的意見，想知道今天外燴公司的食物好不好吃，有沒有合乎我的標準。每當需要向人介紹我的時候，大家總是說：「這位是安娜。這部片裡頭艾迪・墨菲飾演了廚師，但她才是幕後真正的大廚！」當時的我就只是個菜鳥，對於這些待遇真是受寵若驚，每天上班都有一種「原來本人也是明星」的錯覺。

但每一個光鮮亮麗的表面，背後都有辛苦的內幕。這部電影是小成本的獨立製片，當然人力上必須十分精簡。我接這份工作所簽的第一個條件，就是沒有助理，沒有任何人可以幫我採買、切菜、洗碗，一切都要自己來。第二個條件就是，沒有加班費，每天早上我得比通告時間早兩個小時打卡，天還沒亮就開始在餐車上揮鍋弄鏟，收工之後還要洗碗、打掃才能下班。其他部門可以在前製期慢條斯理地把需要的東西準備好，我所負責的食物道具全都得現做，今天要拍的內容，頂多前一天可以開始準備，放久就不新鮮了。別人上班時間是週一到週五，週末來臨就可以好好放鬆，但我的週末全都用來採買與準備星期一要用的食材。

各種突發狀況也在考驗我的心臟強度，某天劇本寫要拍歐姆蛋，我當時其實從沒做過歐姆蛋，花了將近三小時的時間惡補，連做五十個歐姆蛋來練習，才總算有信心做給艾迪・墨菲吃。又有一天快要收工的時候，導演突然想補拍一顆鏡頭，說要一個手工蘋果派，我又是連飯都來不及吃只求趕緊烤出一個派。一拿到現場，導演倒抽一口氣，說他要的是生蘋果派，但眼前這個是烤熟的！一聽到要生的派，我馬上衝去垃圾桶把剩下的派皮撿出來擀平，硬是鋪在烤好的蘋果派上，不到五分鐘的時間，一個「看起來」生的蘋果派拯救成功！

其實這些超時工作與危機處裡真的都沒什麼，以前在台灣拍片和在美國半工半讀的時候都是家常便飯，沒有助理才是最困難的。如果今天接連要拍好幾場食物戲，我必須一人分飾三角，往返現場做食物造型，照顧連戲以及演員的需求，在一顆鏡頭與下一顆鏡頭之間盡量找空檔回去餐車準備下一場戲的食物，天殺的要是有東西漏買了，還得用最快的速度殺去超市補齊，一天下來不用說吃飯，有時候連呼吸都忘了。

拍攝《丘奇先生》這段時間，有幾個挑戰讓我印象深刻，其中一個就是當演員們的「技術指導」。飾演女兒的布麗特妮・羅伯森與主角艾迪・墨菲，是片中兩位需要在廚房大展身手的演員，想當然這兩位演員都不是專業廚師，他們無論是刀工或是掌廚的姿勢都有待加強。

布麗特妮非常好學，我稍微指點一些技巧之後，這位新生代演員回家自己又看了網路教學，買了一堆蔬菜練習刀工，上戲的時候有模有樣，讓老師我非常欣慰。但艾迪・墨菲就沒那麼容易了。艾迪先生基本上連怎麼握刀都不會，很明顯一看就是「這輩子都沒下廚過」的樣子。每當我給他一些小建議，艾迪會說：「丘奇先生是自學的，不用像專科出身那麼專業。」

不要看艾迪・墨菲平時搞笑的形像，他本人十分寡言，有種不怒而威的氣勢，加上那時的我很菜，一度覺得無法接近他，更不用說是指導他了。當時同事艾瑞克跟我說：「妳是一個專業人士，妳重視自己的作品嗎？重視的話就不要怕被打槍。就算被打槍，妳也盡到妳的職責了，別人要聽不聽拉倒。」

拍片基本上就是個成人夏令營，每天都跟同一群人朝夕相處，不用說太多話也會自然而然拉近距離。我在拍攝的六週內，不斷厚臉皮地給艾迪・墨菲各種他不是很在乎的建議。某天，艾迪必須做義大利肉丸，我跟他說：「你搓肉丸的時候手上一定要沾水，不沾水肉丸就揉不圓，而且全都會黏在你的掌心。」他一開始依然沒當一回事，開拍了幾個鏡頭，肉全黏在手上了。我遞給他一個濕毛巾，面不改色地提醒他：「要先沾水喔。」過沒多久總算看到成效，圓滾滾的肉丸從艾迪的「巧手」中誕生。那天下班，艾迪跟導演說：「要不是安娜有小撇步，誰想得到水可以防沾黏？」

導演拍拍我的肩，說了一句非常動聽的話：「這世界上有什麼東西妳不會？」沒等我回答，導演就繼續說：「Nothing（沒有）！」

拍這部片有很多讓我感動的時光，其中最欣慰的則是跟《楚門的世界》女演員娜塔莎的短暫交集。《丘奇先生》是我進入好萊塢第一個「重要」的食物造型工作，我花了很多時間在研究如何做好看又好吃的食物。通常電影裡頭的食物並不一定要好吃，只需要「能吃」就好。大部分時候因為場地與設備的限制，要做出米其林餐廳等級的美味並不容易，於是演員們通常也都很能體諒，不太會找碴抱怨。但新官上任三把火，求好心切、想要好好表現的菜鳥如我，認為既然丘奇先生是個很會做菜的廚師，吃到他的食物一定要演出很幸福的表情吧？我的食物若是不能幫助這些演員自然地展現出這些表情，任務就失敗了。

某一場戲是娜塔莎必須喝一碗湯，這是丘奇先生特製，讓她身體能夠早日康復的扁豆湯。一大早我就在我的餐車上熬雞湯，加入紅色的小扁豆、薑黃、孜然粉、炒熟的甜洋蔥，不放大蒜（因為怕影響演員的口氣），燉煮三十分鐘，最後再拌入切碎的葉菜類，淋上初榨橄欖油，加一點點巴西利點綴。我試喝了一口，驚為天人，盛了一碗給道具組老闆試喝，老闆也驚為天人，兩人都決定當天不吃午餐只喝這碗湯了。到了夜晚，終於輪到扁豆湯上場。娜塔莎演的角色因為身體不舒服，儘管丘奇先生餵她喝湯，她依然只能勉強下嚥。這場戲拍了好幾個小時，娜塔莎也就喝了好幾個小時的扁豆湯。當導演總算拍滿意了，這時娜塔莎向我走來，很有禮貌地拿著一個空碗，問我可不可以再裝一碗給她。我說：「當然可以，我可是花一整天特別為妳製作的。」她默默地說：「真好喝。」過了十分鐘，竟然又回來裝一碗。

老闆跟我說，要讓站在銀光幕前的女明星吃東西真的不容易，尤其是她們已經在鏡頭前連吃好幾個小時，下戲了竟然還會自願來加湯！老闆誇獎：「能讓演員多吃，這是妳的超能力，也是最高讚美！」大概是因為我想像自己就是丘奇先生，沉浸在這部電影與我本人的現實之間，一位私人廚師用料裡去表達一種類似愛的微妙情緒。

我現在已經不是菜鳥，也不需要一人做三人份的工作，更不會無薪加班。現在的我沒有辦法每個工作都像當初做《丘奇先生》一般掏心掏肺，那時候真的是拚了命想要證明自己。這部電影上映後票房並不好，兩週之內就下片，身邊也沒幾個人聽過這部片。但在我心目中，這部電影永遠都佔了神聖的地位——我第一個達陣的好萊塢任務。

扁豆湯

扁豆在台灣並不流行，但在中東、印度或是歐美，扁豆早已成為素食者與健身人士的真愛。扁豆富含植物性蛋白質，可以熬湯也可以拌入沙拉，減肥時替代澱粉來降低卡路里，提升蛋白質攝取量，一舉兩得。市售乾燥扁豆主要有紅、綠、黑三種顏色，我最愛使用的是紅扁豆，烹煮時間最短，口感綿密，能迅速入味吸飽湯汁。雖然說是紅扁豆，但烹煮過後顏色褪去，反而帶著鵝黃的色澤，比起暗沉的綠、黑品種，黃色吃起來就是特別賞心悅目（叫我外貌協會）。

4 人份

橄欖油 3 大匙

洋蔥 1/2 顆 切小丁

紅色或綠色辣椒 1 支（不要用超辣的小朝天椒）：去蒂
去籽並切成粗末

孜然粉 1 小匙

薑黃粉 1 小匙

紅扁豆 1 杯：用清水淘洗三遍後瀝乾

雞湯 4 杯

乾燥月桂葉 2 片

瑞士甜菜 1 把（切碎約 2 杯的量），也可改用波菜、
小白菜、芥藍、油菜等綠葉蔬菜替代

鹽和黑胡椒粉適量

橄欖油、檸檬汁與香菜適量（裝飾用）

使用中型湯鍋或鑄鐵鍋，加入橄欖油、洋蔥丁與辣椒末，以及少許鹽與黑胡椒，中火拌炒 3 到 5 分鐘，直到洋蔥呈現半透明。

加入孜然粉與薑黃粉，拌炒 1 分鐘直到香味四溢。

加入掏洗過的紅扁豆、雞湯、月桂葉，開大火讓雞湯煮滾，然後轉小火再煮 10 分鐘。

加入切碎的綠葉蔬菜，續煮 3 分鐘，直到蔬菜剛好縮水完熟。各家雞湯的鹹度不一，起鍋前記得試一下味道，有需要再加些許鹽調味。

依個人喜好擠入適量檸檬汁，灑點橄欖油與香菜即可上桌。

星光大道

在好萊塢片廠工作，最多人想知道的還是八卦。哪個演員難相處？誰最大牌？說起來或許有些令人失望，但在我有限的職場經驗中，交手的演員就算說不上親民，大部分至少彬彬有禮。好萊塢的演藝事業競爭相當激烈，演員們無論知名度高低，敬業是基本門檻。為了滿足各位的好奇心，我把印象特別深刻的藝人列舉如下，好人我會直接公布姓名，難搞的則會幫他們打馬賽克。

每當有新助理要跟我一起去片場，我都必須先給他們上一堂「片場禮儀課」。一些外人不知道，但圈內人約定俗成的拍片禮節，有必要在出發前講清楚。首先是衣著：在拍片現場盡量穿著深色的衣服，當攝影機遇到易反射的物體，例如鏡子、玻璃或是鐵門之類，身體的倒影較不容易穿幫。這是一個老派的拍片禮節，現今拍片現場不一定大家都會穿黑色，但若是做為全場最菜的成員，我依然會叮嚀助理們把黑衣換上。

再來就是衛生習慣：我的工作是處理食材，除了工作全程必須戴上手套之外，個人衛生也很重要。有時候會與演員靠近，甚至有肢體接觸的機會，必須特別注意自己身上有沒有強烈異味，包含體味、過濃的香水味、口臭等等，隨身攜帶口香糖或除汗劑等是對演員基本的尊重。做菜的人若是衛生習慣不佳，誰會敢吃呢？

再來就是隨身攜帶的手機，工作的時候關靜音這點大家都知道，但拍片現場因為保密條約，不能拍照，也不能公開放在社媒，這點常讓許多年輕助理感到扼腕。沒圖沒真相嘛，無法事後拿來說嘴。除了現場不能拍照之外，收工之後我也會規定助理不能要求與演員合照，把迷妹迷弟的口水用力吞進去。這是一種專業形象的問題，我不希望演員感到被騷擾，但若是吃殺青酒之類的社交場合就無所謂了。

最後一個拍片禮節，同時也是最重要的，那就是沒事不要跟演員視線相交，尤其是在彩排還有正式錄影的時候。片場術語稱之為「清除視線」（clear the eye line）。想像你坐在咖啡店看書，旁邊有一個人一直盯著你看，就算不抬頭，眼角餘光也一定會注意到，必然很難專心。很多菜鳥喜歡看戲，導演大喊開麥拉之後，一群人在幕後目不轉睛被演員的表現吸到魂飛魄散。但工作人員若是不避開演員的視線，戲演到一半正好跟演員對到眼，導致演員分心忘詞，這個工作人員那天絕對吃不完兜著走。有些演員（聽說克里斯汀・貝爾）會當場翻桌怒罵，有些演員則會低調地請製作人把你移駕出場。基本上就是這些注意事項，不要髒，不要臭，不要當一個怪人。

最敬業

我合作過最敬業的演員非丹佐・華盛頓莫屬。丹佐屬於「方法派演員」，意即他揣摩角色的方式偏向「硬幹型」。如果他今天飾演一個臥底警察，絕對不僅紙上談兵或做個網路研究，還會去警察局親身見習，演胖子就絕對不靠化妝，卯起來增胖，演什麼角色就要徹底變成什麼人。

在丹佐的拍片現場，我特別被叮嚀囑咐千萬別跟他對話，不然似乎會妨礙他入戲的過程，讓他無法百分之百將自己與正在努力進入的角色區別開來。我還記得那天劇本描述他正在一間高級法式餐廳，面前是一盤五分熟的橙汁鴨胸，搭配碳烤小蘿蔔。我準備了不下二十副鴨胸，一副鴨胸可以做兩盤一模一樣的主菜，算起來可以至少讓導演重拍四十次。通常演員不會真的把菜吃下肚，資深演員都很會演「假吃」的戲碼，不吃的話也就不用替換，又或者轉拍特寫鏡頭時，因為看不到胸口以下的食物，也不需要持續送上全新的主菜，份量無論怎麼算都綽綽有餘。

當天開拍的早上，我對自己的準備工作十分有信心，結果丹佐一上工，他老兄從頭到尾每一顆鏡頭都真的把鴨胸吞下肚，無論是廣角還是特寫，只要劇本有寫，他就卯起來吃！四個小時過後，我準備的鴨胸只剩下四分之一，只好趕快請人出去緊急採買。鴨胸不算特別普遍的食材，助理跑了好幾間超市都買不到，我在現場則像熱鍋上的螞蟻，只能期待丹佐能夠手下留情少吃一點。終於在第六個小時，剩下最後四付鴨胸，導演大喊：「卡！這場戲拍完了，放飯！」我大嘆一口氣，好險是撐過了。

連吃了六小時、十六副鴨胸的丹佐，默默地開了一個玩笑：「看來今天只有我不用煩惱午餐要吃什麼。」

最得意

最得意的一段拍片回憶，莫過於跟真田廣之拍攝史蒂芬・史匹柏兼製的電視劇《異種》。真田廣之飾演一個未來科學家，靠著先進的藥物與特製的飲食得以延緩老化，青春永駐。我當時負責設計他要食用的充滿未來感的神奇套餐，導演對於這頓飯的靈感是來自紅透半邊天的分子料理，特別是著名的「晶球」技術。晶球基本上就是利用海藻酸鹽與鈣離子結合時產生的化學反應，能在任何液狀物的周遭形成如膠囊般質感的薄膜，這個手法能夠將流動的液體包入圓形的膠囊，創造出外形像水滴、輕咬又會爆漿的驚奇調味液體。

儘管我可以輕易取得海藻酸鹽與鈣離子，這個水滴狀的晶球結構過於脆弱，演員若是直接用手拿取，一不小心就可能弄破外層的薄膜，使得內容物外流得一塌糊塗，這才是我最大的挑戰。但因為是未來世界的設定，導演不希望真田廣之用湯匙那種凡人使用的工具。最後我想出一個絕妙的解決方案，竟然是來自台灣涼圓的啟發！涼圓半透明的地瓜粉外皮，類似水珠卻 Q 彈有韌性，無論演員想要多麼粗暴地拿來吃還是丟到地上摔，都不會破碎。而且涼圓吃起來甜蜜冰涼討喜，不管重拍幾次，多吃幾百個也不會反胃，內餡還可以做成任何顏色，想要多詭異都不是問題。

想到這個解決方案之後，我決定把涼圓做成鮮綠色的抹茶口味，當然是因為真田廣之是日本人啦，使用抹茶幾乎是最安全的選擇。總算到了拍片那天，真田廣之吃到抹茶涼圓，暖心之餘對台灣涼圓的質感讚不絕口。鏡頭沒在拍他的時候，我發現他一直忍不住偷捏這個 Q 彈的食用小彈珠。看來我不僅滿足了導演的期待，娛樂到演員，還替家鄉小吃打了廣告！

最驚險

好萊塢拍片的分工非常細，因為有太多部門，太多的工作人員，很多時候沒辦法每個人都獲得詳細的訊息。有一次，我的任務是準備荷莉・貝瑞要吃的蘋果派。劇組給我的訊息是：「蘋果派三個，不要太甜。」當下我的理解，就跟任何人對這份訊息的理解程度一樣：這個演員不想吃太甜。我準備了三個減糖蘋果派，結果到了現場，其中一個工作人員問我：「這幾個是無糖蘋果派嗎？」我說：「減糖，不是無糖。」工作人員這時才跟我說，荷莉・貝瑞有糖尿病，今天要演餓昏頭大吃蘋果派的戲碼，怕會對她的身體造成負擔。這很明顯是溝通不良，當下我除了錯愕（並且有點不爽）之外，也沒有別的解決方案。至於為何演員明明有糖尿病，編劇依然硬要把蘋果派寫進腳本，又為何一直到了開拍當天也沒有人提出替代方案？這些問題已經超出我的管轄權限，再怎麼討論也於事無補。

就算什麼糖都不加，蘋果依然是含糖成分最高的水果之一。「一天一蘋果，醫生遠離我」這個說法完全不適用於糖尿病患者。但既然出包了，就必須勇敢面對。跟荷莉姊姊坦白了這場誤會之後，她倒是泰然地說：「沒關係，我的角色可以拍正好吃到盤子已經見底的狀態，我只吃剩下的蘋果碎屑就好，OK 的！」好險，不用背負傷害荷莉・貝瑞的罪名，皆大歡喜地度過了這場難關。

最害羞

有一個黑白混血的帥氣男演員叫做麥可・艾理，我因為追了幾部他演的戲之後，默默有點迷戀他。某天我接到美劇《祕密與謊言》的食物造型案子，一看通告表才發現，我的暗戀對象麥可・艾理竟然是男主角！

我通常不是個追星族，看到明星並不會有昏倒或呼吸急促等症狀，但那天上班的時候，我忍不住向同事透露自己已經默默心儀男主角多年。我當時只是單純想要表達命運的巧合這個重點而已，沒想到我的同事竟然跑去跟男主角爆料，還說我能夠朗誦出他幾部剛出道的冷門片名。那天我需要準備男主角吃的鬆餅，當我們同在廚房的場景共處一室，我的臉應該脹紅到沒有人看不到吧！

我可以感覺到麥克先生對我露出特別友善的微笑，那是一種對「粉絲」的微笑方式，就是一點點的「父愛」加上一點點的「要合照嗎」那種微笑。我當然是不可能跟演員要求合照的（請複習片場禮儀），於是我只是專注在低頭完成擺設鬆餅的工作。「嘿，安娜？」我抬起頭，麥可先生竟然呼喊著我的名字。「謝謝喔！」他深邃的藍眼珠向我眨了眼，不知道他是在謝鬆餅還是謝謝死忠粉絲？我當下馬上點頭示意，用最快的速度撤退到角落深呼吸！

有些演員儘管在拍片現場沒有太多交集，依然不難發現他們可愛的小細節。譬如拍《安眠書店》時，意外發現「變態喬」本人非常客氣，看到片場一張無人認領的折疊椅，會再三確認是否沒有人需要才拿來使用。死侍本尊萊恩・雷諾斯在銀光幕前給人的感覺是機車又愛吐槽，但與他一起補拍《鬼影特工：以暴制暴》時，才得知他每天都很努力地記住每一個劇組人員的名字（劇組至少有一、兩百人），並且總是誠摯地向工作人員道謝。

偶爾我也會遇到不好相處的演員，機率不高，但還是有的。曾經拍過一部電視劇，必須準備一桌美國南方黑人家庭的「靈魂菜」（soul food），當我抵達拍片現場之後，有幾個自認老饕的黑人演員意見很多，特別請人轉告我食物看起來不夠道地。我不知道這是否算是種低調的種族歧視，亞洲人難道就不能精通美國南方菜嗎？我尊重你的文化，但你可以尊重我的專業嗎？

通常我自認十分好相處，但遇到這種情況若默不吭聲，幾乎等於承認自己做錯事。於是，儘管非常不樂意在工作場合與人衝突，我依然嚴厲回覆：「做每一份工作，我會花至少數小時研究與查證資料。儘管是美國南方的家常菜，家家戶戶都有私房的家傳做法，您如何定義我所參考的這份南方食譜不正確？或許一道菜有多樣版本，每一種版本都是道地，我做的是道地，您從小長大吃的也是道地。」

除了自以為是的演員之外，最棘手的還是挑食的演員。曾經遇到有部劇本寫：「女主角不擅廚藝，把乳酪通心粉做成了巧克力口味，男主角勉強嚥下。」巧克力與乳酪都是必須有熱度才有流動性的食物。有熱度的通心粉，麵體滑順根根分明；沒有熱度的通心粉，則會一大坨糾結在一起。既然劇本說要巧克力口味的通心粉，我決定把煮熟的通心粉與巧克力口味的卡士達醬拌在一起。巧克力卡士達在室溫不會結塊，質感完美又十分順口，與無調味的通心粉結合，吃起來其實還算滿不賴的甜點。然而這部劇的男主角看到了巧克力色的通心粉，馬上轉頭離開。「這看起來太像大便，我不想吃。」但劇本就是這樣寫，他想不想吃也不是我能決定的。開拍時，他很勉強地吃了一口（其實還滿符合當時的劇情），意外發現相當好吃，也就一口接著一口，沒繼續找碴了。

我的片場八卦即將進入尾聲，每個好劇本都需要有一個爆破性的精彩結尾，在最後一個故事，我帶去片場的食物還真的被炸藥轟得四處飛濺！那次工作得知劇本是發生在一座奢華的濱海別墅，室外花園正舉辦一場美麗的婚禮，新人準備私訂終生，這時壞人出現，英雄與狗熊互開機關槍掃射，全場客人驚叫四竄，新人慢動作逃走，就在跑過結婚蛋糕的時候，說時遲，那時快，子彈誇張地打中蛋糕，蛋糕阻擋了子彈，被炸得支離破碎。接到這個工作，我的第一個問題便是問道具組：「請問你們蛋糕需要炸爛幾次？」

製作一個結婚造型蛋糕耗時費工，平均價碼是八百到一千美金，每做一個就需要花一、兩個工作天。劇組最後決定需要三個三層蛋糕，隨後也選出了內餡的口味以及外層的裝飾風格。大方向確認之後，我與助理便馬不停蹄地趕工。過了幾天，才剛去五間超市買齊所有需要用的食材，就接到道具組的電話：「不好意思，你們蛋糕開始做了嗎？女主角說她對小麥嚴重過敏，可不可以改成無麩質的內餡？」我一臉疑惑，問道：「對小麥過敏？但女主角又不需要吃蛋糕？蛋糕是用來炸飛的不是嗎？」道具組隨後解釋，女主角堅持自己就算不吃，皮膚碰到小麥製品也不行。本人一聽馬上上網查詢。你想的沒錯，就是歪理！道聽塗說！劇組承諾願意負擔已經購買的材料費用，也願意在薪水上加碼，於是我與助理就摸摸鼻子照做了。

拍片當天清晨，我與助理扛著三個一模一樣的大蛋糕去上班，人都還沒清醒，幾個爆破小組的工作人員就將我們包圍。他們說蛋糕要爆得「漂亮」、炸得「精彩」，炸藥一定要埋進蛋糕正中央。意思就是，我們辛苦做了五天四夜的蛋糕，不但做了白工，現在還要想辦法幫他們把蛋糕挖空，埋進炸藥。究竟挖空之後的蛋糕外型結構會不會因此坍塌？我完全不敢想像。眼前能夠做的，就是趕快去商店買好幾十盒的現成糖霜，等到爆破小組替蛋糕做完「心臟手術」之後，我們可以用大量的糖霜幫病人縫合，最後圍上鮮花，把任何不完美的角落掩蓋修飾起來，或許……或許這三個蛋糕依然有救！

最後那天沒等到蛋糕上戲，我有事必須先離開，但從其他組員的口中得知，手術非常成功，依照計畫總共炸了三次，導演滿意，女演員沒有被小麥殺死，助理沒有砸鍋，謝天謝地！

一路走來，「導演滿意，演員沒死」似乎可以當成本人的註冊商標了！讓我有下一份工作，下一個精彩的故事可以說。

更有靈魂的美國南方玉米糕

這個玉米糕真的超、好、吃！它有甜又有鹹，無論早中晚，心情好不好，都一定會被它感動。玉米糕要做得好有兩個撇步，第一是加植物油，第二是加乳酪。尤其乳酪必須加得恰恰好，加了太多就搶戲，加的位置不對也會搶戲（乳酪的位置太接近底部或太上層都會烤焦，如果剛好夾在麵糊的中心就可以烤出濕潤的質感）。

除此之外，這份基礎玉米糕的做法非常簡單，因為麵粉的比例較低，不容易出筋，加入材料的順序與攪拌的時間也就不像其他烘焙品那樣講究，喜歡搞怪的人可以把洋蔥替換成青辣椒、韭菜、各種香草，甚至大膽一點加入藍莓都百搭。

材料

有鹽奶油 1/2 杯

洋蔥 1/2 顆：切丁

中筋麵粉 1 杯

玉米粉 3/4 杯，粗粒或細粒皆可

鹽 1/2 小匙

小蘇打粉 1/2 小匙

泡打粉 2 小匙

糖 1/2 杯

植物油 1/4 杯

蜂蜜 1/3 杯

雞蛋 2 顆

無糖優格 1.5 杯

切絲乳酪 1/3 杯，可選用莫札雷拉（mozzarella）或
切達（cheddar）乳酪取一平底鍋，放入奶油與洋蔥大火炒 5 分鐘，偶爾翻動即可，直到奶油呈現深褐色，洋蔥的邊角也有明顯焦糖色，取出放涼備用。

取一大碗，將切絲乳酪之外的所有材料，以及放涼的奶油洋蔥一併倒入，用打蛋器充分攪拌均勻。

使用九吋左右的圓形烤模或是生鐵鍋，在表面塗抹一層奶油防沾黏。先倒入一半的玉米麵糊，鋪上切絲乳酪，再蓋上剩餘的玉米麵糊。

烤箱預熱至攝氏 190 度（華氏 375 度），烘烤約 30 分鐘後，在蛋糕正中央插入牙籤，若取出牙籤時沒有沾黏濕麵糊就是完熟。

淋上蜂蜜趁熱享用，就算是放隔夜的室溫玉米糕依然很美味。

食物造型師

從事一個冷門的職業，有時需要多花點時間向人解釋，解釋的內容也會根據談話的對象而異，若不想講得落落長，我就會直接說自己是「廚師」。但這個對策也是充滿瑕疵，往往開啟另一段我不想參與的對話——妳在哪間餐廳工作？最喜歡吃什麼？拿手好菜是？於是近年來我比較偏向講實話路線，從一開始就會說我是「食物造型師」，接著通常得處理各種困惑的表情和一千個為什麼，直到對方打破砂鍋問好問滿之後，才結束這回合的場面話。

食物造型師（Food Stylist），台灣又稱「食品美術」，照字面翻譯就是讓食物變上相的專家，像是化妝師或是髮型師，差別在於麻雀變鳳凰的對象是可食用的食品而不是真人。什麼樣的公司會需要食物造型師呢？美食雜誌、食譜、動態廣告、電視電影，只要任何鏡頭前需要垂涎欲滴的食物，就是食物造型師出馬的時候。在某些狀況下，食物造型師的使命是成就一個商品，敲醒消費者內心最深沉的渴望，看了廣告之後無法自拔地掏出錢包購買商品；但有的時候食物造型師則是需要創造氣氛，提供合乎常理的道具，讓觀眾與畫面中的演員一同投入角色。

拿我個人的工作經歷舉例，像是主打各式調味料的跨國大廠調味料品牌L，三不五時會洽談協拍宣傳照，一罐蘇州辣椒油、鮮味生抽或是蒜味蠔油，能夠入菜千百種，從紅燒、熱炒到沾醬，沒有設限。我的工作就是幫助廠商徹底展現商品的最大潛力，讓這些照片無論是放在官方網站，或是發送給餐廳行號的宣傳文宣，甚至是產品包裝上的建議圖示，只要看到醬汁能夠做出的美味料理，就能激發消費者想要購買的欲望。天氣轉涼了，滑手機忽然看到沙茶醬澆菜的畫面，此時正是食物造型師趁虛而入的最佳時機，催眠你的潛意識，週末去超市帶一罐回家煮小火鍋吧！說起來還滿奸詐狡猾的，但這正是我的工作之一。

有時候我的工作並不需要催賣商品，尤其是拍攝電影或電視劇的時候，幫助演員進入角色反而比美麗的食物更為重要。在拍攝《安眠書店》第二季時，女主角的設定是在洛杉磯一間有機餐廳工作的主廚，為了讓她看起來「像」主廚，我必須把廚房妝點成時下最潮的高級食堂，為這間餐廳營造出符合「食療」、「健康」的形象。健身一族的飲食新寵會是什麼？純素（vegan），甚至食生（raw food）更符合劇本的氣氛，那麼菜單的構想就必須比照辦理，讓演員以及觀眾都信服眼前的角色。食物在這種情況下是偏向一種「戲用道具」的功能，目的是讓電視機前後的演員與觀眾都能入戲。

說起來食物造型師的工作內容，好看似乎比好吃來的重要？那食物造型師到底需不需要懂得做菜？

這是許多有志研究食物造型的業餘家庭廚師最想知道的問題，我的回答通常是：「懂吃比懂做菜更重要。」食物造型師當然不能是連水都不會燒的料理白痴，但也絕對不需要是廚神。

我過去十年接過各種各樣的料理要求，無論是中式、西式、復古、現代，甚至連外太空的食物都可能找上門。期待一個廚師能古今中外十八般廚藝樣樣精通是個不切實際的目標，但重要的是沒做過的食物至少也要吃過，沒吃過的食物至少也要看過，至於沒看過的食物，至少要知道能去哪裡購買，所以才說懂吃比懂做菜更重要。多吃，多看書，多看美食旅遊頻道，看電影時注意桌上食物帶出來的氣氛，想要增廣見聞自己的食物常識，這些都是低成本且人人都能自學的方式。唯一的缺點，也是最大的缺點，是不知不覺吃進身體的卡路里！

食物造型師必須是有效率的料理通才。除了我不可能什麼都會做之外，某些情況就算可以自己掌廚，我依然選擇外出採購，因為時間就是金錢，連續花好幾天親手做出的成果，味道上或許勝出，但所花費的一分一秒都是客戶必須負擔的工時，若是價碼無限增加，願意與你長期合作的廠商終究會另尋高明。譬如糖果餅乾、餃子皮、派皮這類，手工製作起來耗時費工，只要去超市或是麵包店都可以買到現貨，尤其遇到需要大量製作的訂單，我絕對毫不猶豫，沒有羞恥心地直接選擇現成商品。善用現成的做資源，在拍攝電影電視場景時更為常見。很多時候食物道具只在畫面上出現短短幾秒，嘔心瀝血製作三天三夜卻沒有人注意到的細節，並不會讓你得到讚賞，解析每一份工作，將預算與時間花在刀口上才是正解。

現買現賣的部分解釋清楚了，那什麼情況下食物造型師必須親自操刀呢？

有以下幾種情況：譬如現做比購買便宜，現打果汁、奶昔一類是最好的例子，向商店買一杯一杯打好的產品，不如直接買一袋新鮮蔬果自己做來更便宜。再來就是遇到挑食的演員，譬如蘋果派是一個到處都買得到的美式甜點，但如果演員有特殊飲食，蛋、奶、糖、肉桂、小麥，什麼都不吃，想要買到這樣現成的商品就十分具有挑戰性，還不如自己做。有時候劇本要求食物必須看起來特別家常，購買現成的料理看起來太假、太完美，就必須花點時間親自把食物做「醜」一點。奇幻、科幻，還有需要想像力的料理，市面上並不存在，這當然也得親手做。最後就是拍攝食譜、料理短片，通常需要忠於原著，一步一腳印地把製作過程展現出來，自然無法去買現成商品偷吃步了。

最後還有一個常見問題：餐廳大廚是否能夠取代食物造型師的工作和地位？

答案是當然不行！

在拍攝食物美照的現場，很多客戶會僱用專業大廚與我合作。專業廚師的優勢在於手腳俐落，能夠快速有效率地處理大量食材，但專業廚師通常專注於料理美味大於美觀，往往無法吹毛求疵地站在攝影機的角度思考一盤菜的 3D 立體結構。以 L 品牌食譜拍攝做為舉例，若今天主打的是一罐花椒豆腐乳，搭配的料理是腐乳空心菜，大廚為了將空心菜炒熟，可能會因此失去空心菜最翠綠的顏色，我這時則會建議大廚將菜炒生一點，甚至只要川燙數秒後冰鎮，事後再將豆腐乳拌入。又譬如大廚在裝盤的時候，並不會注意到空心菜梗與菜葉的平均分布會大大影響一盤菜給人的可口印象，若是一股腦倒入盤中交差就不 OK 了。

主打商品花椒豆腐乳，以一個食物造型師的眼光來看，除了必須特別強調腐乳醬的顏色與質感，還會用小鑷子把花椒一粒一粒挑出來，放在最能吸引觀眾視覺焦點的位置。食物造型師知道今天不是要賣空心菜，重點是要賣豆腐乳。

但拍片現場有個大廚能夠相輔相成，總是事半功倍，更加快速地完成拍攝工作。一個廚師若是想改行進入食物造型業界，肯定是比多數人來的吃香，更容易上手。但廚師與造型師終究是兩種不同的專業，我沒辦法三秒內將一條胡蘿蔔切絲，他們也沒辦法一夜之間獲得我經年累月培養出的「攝影機審美觀」。

基本造型功略 101

每個食物造型師都藏了不少獨門祕技，礙於篇幅，對於剛入門的造型新手，我整理了五個很簡單的要領，專門針對拍攝平面攝影的造型需求。

1. 食材分開處理，擺盤如插花

尤其是沙拉類。儘管坊間的食譜都說將所有食材翻拌均勻，食物造型師必須把單樣食材分開備料，然後像是插花一般的層層堆疊出最好看的樣貌。每一樣食材只刷上少量的沙拉醬，因為醬多了，生菜拍起來就不爽脆，醬少了，看起來又不真實。若是遇到熱炒類的題目，食材雖然可以事先炒在一起，但擺盤的時候一定要耐心地將每一樣食材都分別拉一點出來備用，挑選出大小適中，形狀討喜的視覺主角（hero ingredient），等到裝盤完畢，再有計畫性的選一些好的位置植入這些視覺主角們，讓人看第一眼就吸睛。

2. 生鮮蔬果補水，雞鴨魚肉刷油

在綠葉蔬菜上噴點冷水，牛排烤雞一類的食物，則是每二十分鐘就在表面刷上薄薄一層油，這是最基本讓食物看起來鮮嫩多汁的「回魂大法」，水氣油光也會讓攝影師打的燈光更容易反射出去。長時間保水補油的步驟，能夠讓食物在長時間的燈光與高溫工作環境下，延長

其「上鏡」壽命。

3. 永遠以攝影機的角度看世界

攝影機看的是 2D，跟人類的肉眼不大一樣。準備造型一道菜之前，一定要將自己的眼睛與攝影機完全對齊，攝影機的角度怎麼看，你在擺盤時就該怎麼看食物，這麼一來可以省去很多做白工的時間。有時候花了大把心思在雕琢一盤料理，結果一放到攝影機底下，重要細節都被擋住了，就只能喊冤。

4. 不完美才是完美

一個成功的食物影像，就是要讓觀者看了食指大動，過度乾淨俐落的作品難免讓人有一種造假的感覺。我最喜歡拍漢堡時醬汁滴落的瞬間，拍鹹派或是甜點散了滿地的碎屑，吃義大利料理更是掉乳酪屑、香草渣的最佳時刻，就連放在桌上的餐巾，最好也是皺巴巴的散亂一角。生活感是現代食物攝影的精隨，彷彿在大聲宣告：「沒關係，雖然你吃不到，但我幫你先吃了！」

5. 永遠都有畫龍點睛的空間

一道菜儘管實際上再怎麼好吃，照著食譜一步步做了，但眼睛跟嘴

巴不一樣，我永遠都會想像還有什麼是與正在準備的這道菜相關，可以加上去幫助視覺的元素。拍攝熱飲時旁邊放幾塊手工餅乾，拍攝春捲可以斜切一些青蔥韭菜提色，拍攝奶昔可以把相對應的主角食材疊在畫面角落。畫龍點睛可以是裝飾在食物上的最後調味，也可以是放在角落的入戲道具，多思考，多準備，每樣可能用上的東西都多買一點，你的照片就會比別人更細膩一點。

食物造假師

上一篇涵蓋了許多關於食物造型的基礎大哉問，接下來才能正式進入「進階課程」。食物造型師做的食物，到底是真是假？能吃嗎？有沒有毒？網路影片看到造型師用摩托車機油替代鬆餅糖漿、不會融化的冰淇淋、衛生棉條做出的煙霧彈究竟又是什麼故事？

我剛入行那個年代，想要尋找食物造型的相關資料，但無論是網路或是書籍都少得可憐。老一輩的食物造型師認為藏私才能保障自己的競爭力，我則是渴望能夠建立一個健康互助的小社群。現在任何人都可以輕易上網搜尋各種新奇的知識，食物造型也不例外，想要進入這行，現在正是黃金時代。或許曾經自己學得很辛苦吧，能夠把我的所學分享出來，總覺得風水輪流轉，是相當應該的。

食物造假有五個主要原因：方便拍攝、美觀加分、飲食限制、食品安全，以及節省預算。每個造型師根據入行的經歷，藏了一卡車不能說的祕密，好化解各種工作危機。所謂兵來將擋，水來土掩，以下列舉了一小部分多年蒐集、研發得來的造假攻略。

造假原因 1：方便拍攝

拍攝美食會遇到諸多挑戰，環境太熱，冰淇淋會融化，環境太冷，一碗熱湯拍不出誘人蒸氣。食物造型師們對此有許多解決方案，最常見的是利用馬鈴薯泥與甜麵團（糖粉加上植物酥油）製作的假冰淇淋，這個永不融化的冰淇淋配方不僅能夠解決問題，還可以安全食用，在強烈的燈光下拍一整天都不會融化。除了冰淇淋，拍冷飲時的假冰塊也是食物造型師的必備良藥。一些特殊道具公司會販賣透明矽膠製的假冰塊，這種假冰塊浮浮沉沉以假亂真，再把像豐年果糖這樣的透明糖漿稍微兌水之後，用噴霧平均噴在飲料杯外層；若是只噴薄薄一層，就像是飲料輕微結霜的質感，若多噴幾層，黏稠的糖漿則會結成小水珠，不會隨著時間蒸發，也不會跟著杯緣弧度流動，看起來像極了透心涼的冰鎮效果。冷飲解決了，那熱飲怎麼辦？

捕捉食物的熱氣同樣也是與時間賽跑的任務。熱氣能替食物攝影增添一種「現做」、「剛出爐」的氣氛，無論是牛肉麵、味噌湯或是一杯熱咖啡，想要拍出蒸氣的效果，不斷重複加熱食物並不是可行的方式，一來是食物很容易越煮越難看，二來就算端上剛出爐的熱湯，蒸氣頂多只能維持十分鐘而已，手腳再快的攝影師都會感到殘念。食物造型師們會利用燙衣服的蒸氣熨斗，悄悄放在桌子下方，提供持續不間斷的蒸氣效果。若是需要冒煙的範圍比較小，我也嘗試過使用衛生棉條做成的煙霧彈——衛生棉條吸水之後，放進微波爐加熱到沸騰，棉絮與其他人工纖維加熱後可以持續冒煙一段時間，藏在一杯小咖啡的後面，就能夠以假亂真欺騙消費者的眼睛了。

造假原因 2：美觀加分

做這一行十分諷刺的是，有時真的食物並不是百分百上相。從烤箱拿出來金黃焦脆的烤雞，放在室溫下不用多久，雞皮就會全縮成皺巴巴乾癟老婆婆手。最上相的烤雞，其實是先烤到半生不熟，剩下的完成工作全靠食物醬汁一層一層刷在全雞表面，每塗上一層醬汁，就用噴槍輕輕燒過表皮一次，就這樣刷烤交替好幾次之後，烤雞呈現裡外均勻上色的幻覺，最後刷上一層橄欖油，金黃又多汁的經典烤雞終於準備亮相。

用摩托車機油代替一般糖漿是屬於比較老派的做法。糖漿是水溶性的，倒在鬆餅上瞬間就會被餅皮吸收，鬆餅變得水汪汪，沒拍幾張相片就得重做一盤。用色澤類似的機油取代糖漿，一來機油的濃稠度較高，可以清楚拍到緩緩流下的畫面，脂溶性的產品流到鬆餅上不會立刻吸收，像是一條靜止的棕色甜蜜小河，給予攝影師更多時間可以捕捉美照。我個人不會使用機油，因為不好聞，還要跑一趟車行才買得到，事後又不好清洗。我的解決方式比較簡單，準備一鍋比市售更濃稠的糖漿，糖漿基本上就是水與糖兩種原料，多加水是稀釋，多加糖則是濃稠，煮越久顏色越深，我還會在鬆餅上噴上一層布料防水噴霧，也就是有些人會用來噴在麂皮上的保養液，兩者雙管齊下就可以達到同樣的效果。

造假原因 3：飲食限制

想要在好萊塢工作，是不可能避開挑食的人。說挑食或許有點太嚴厲了，有些人是過敏體質，有些人為了健康因素、環保意識，也有些人單純就是大牌。無論原因何在，當演員需要吃下我做的戲用道具，處理他們各種飲食限制就變成我最期待的工作挑戰之一。最常見的狀況是明明吃素的演員，劇本卻要求他們吃肉。現在素食者有很多替代方案，無論是漢堡、香腸甚至牛排都有「類假肉」產品，不想吃加工食品的演員，也可以使用煮熟後手撕的杏包菇，或是罐頭波羅蜜充當雞絲、豬肉絲，烤過的西瓜肉可以替代三分熟的牛排，保證成品以假亂真。

但若是要吃荷包蛋呢？全素的人無法吃蛋，荷包蛋根本找不到替代品，於是我研發出了一款椰奶布丁，有點類似西米露，又有點類似麻糬的質感，趁熱先在盤子上抹出蛋白的形狀，放涼之後自然凝固，可以像果凍一樣用刀叉切割，搭配圓形的芒果餡（請參考〈星光大道〉提到的分子晶球料理），切開時還可以達到爆漿效果；若是單用芒果太黃，混加一點橘紅色的胡蘿蔔汁，更像新鮮牧場揀來的有機蛋黃，這整顆蛋不僅全素，吃起來還有一點泰式芒果飯的風味，十分有趣。

另一種更常見的飲食限制就是酒精。拍戲時常會遇到演員需要在鏡頭前喝酒的情境，讓演員喝得醉醺醺，恐怕沒有一間電影公司會願意買單。這時候食物造型師就會用紅葡萄與蔓越莓果汁調合成紅酒，以白葡萄汁取代白酒，薑汁汽水與氣泡水可以變成香檳，威士忌是用花草茶泡的，伏特加或是龍舌蘭則是直接用清水取代。

造假原因 4：食品安全

除了演員個人因素不能吃的食物，還有另一種狀況是食物本身並不能被食用。我做過幾樣特別印象深刻的假食物，每一樣都是個人里程碑解鎖，超有成就感。除了上面提過的素食荷包蛋，我又接到一份工作是要做可以食用的生雞蛋。

劇本規定演員要咬碎一顆生雞蛋，嘴角流出蛋殼、蛋白與蛋黃。然而生雞蛋在美國一直都有沙門桿菌的安全疑慮，於是我先買了一盒雞蛋，用電鑽敲開一個小洞，然後用針管把裡頭的蛋液小心翼翼地吸出來，徹底將蛋殼外部洗刷乾淨之後，再將空蛋殼放進滾水，讓內部也消毒殺菌。接著，我把稍微勾芡過的椰子水，與上述芒果胡蘿蔔汁交替灌進乾淨的蛋殼裡，因為滲透壓的原理，就算不將先前鑽蛋殼的小洞補起來，內容物依然不會外流。這顆動過手腳的雞蛋讓演員一口咬下，不僅達到了劇本要求，也保證不會生病。

生蠔是另一樣時常被寫進劇本的食材，但敢吃生蠔的演員隻手可數。就算演員願意吃，未煮熟的海鮮引發食物中毒的機率非常高，多數劇組不願意冒險。自從用涼圓做出真田廣之要吃的外星食物大受好評，這幾年我又突發奇想，用相當類似的技法，將蠔肉用半熟的地瓜粉漿雕塑成型，腸泥的部分則是使用黑芝麻餡，蒸熟後以假亂真又百吃不膩（見文末照片），讓不少劇組的保險公司得以放輕鬆喘口氣。

再來還有嘔吐物，電影裡頭時常會有演員喝醉酒嘔吐的戲碼，想當然不可能叫演員真的吐出來吧？我發明了一款「美味嘔吐物」，用肉桂、潮奶、楓糖漿還有泡軟的燕麥粥，以果汁機稍微攪碎，呈現出可濃稠、可稀釋，看似噁爛但實際上美味討喜的一坨咖啡色神祕產品。大多數演員第一個反應都是害怕逃走，但嚐過以後還沒有人拒吃過。

另外一個不能直接食用的東西叫做大麻。與其說不能直接食用，應該說生吃並不是一個討喜的口感，吃多了還會藥物中毒。大麻在加州早已合法化，許多編劇都喜歡把這個神奇草藥寫進故事裡。我研究出一款假大麻，先用烤箱將奶油與南瓜烤熟，烤熟之後的南瓜與少量麵粉一起壓成濕潤的麵團，接著仔細切碎鼠尾草、海苔與羅勒，最好是能找到還開了點花的。把南瓜麵糊搓成小球，均勻裹上香草碎末之後快速油炸，成品美味得不得了。我用這款假大麻花欺騙了不少人的眼睛與味蕾！

造假原因 5：節省預算

魚子醬是富貴奢華的象徵，小小一罐如粉餅大小的正宗黑色魚子醬要價一、兩千塊台幣，若是劇本需要演員不斷食用的話，預算可會爆表的。這種時候食物造型師就會被詢問有沒有省錢的方式可以達到類似的效果，我個人總是有兩個方案，一個是最便宜，一個是最神似。若是鏡頭並不會靠得很近，最便宜快速的方式就是去買一種美國很常見的黑莓，它的外表有許多小顆粒，小心翼翼地刮下來，就是快速且素食版的魚子醬。但這種做法禁不起特寫的考驗，這時我們就得再度借力分子料理的晶球技術，將海藻酸鹽與烏魚墨汁混合均勻。拿一細針管，將海藻墨魚汁一滴一滴擠入充滿鈣離子水的大碗中，海藻酸鹽與鈣離子結合後會產生一種「膠質作用」，小水滴的外層瞬間固化產生膠囊般的薄膜，廉價又逼真的魚子醬就做好了！

除了魚子醬、蛋殼與大麻之外，天馬行空的編劇出奇招有時候真讓人哭笑不得。某次我接到一份工作是要做「人腦炒蛋」，我雖然認識不少超市肉販，在美國買「腦」依然是個十分「傷腦筋」的工作，最後我決定一切從簡。首先，找尋最合適的天然紅色素，甜菜汁和石榴汁都帶有十分鮮豔的紅色素。為什麼不直接省事一點去買食用色素呢？因為化學色素會在人的舌頭上殘留明顯的色素沉澱，演員食用之後，舌頭甚至牙齒被染色，要拍特寫的話可就糗大了。接著我把整顆雞蛋與紅色果汁直接丟入熱鍋中炒熟，但過程注意不要將蛋炒得過熟，也不要過度翻炒，目的是要讓白色的蛋清與黃色的蛋心不甚均勻地與紅色果汁相互在鍋中交融，創造出紅黃白三種顏色混雜的軟式炒蛋，象徵人腦切塊之後略為結塊的噁心質感。做出來的成果，其實也沒有人能評比究竟是像還不像，畢竟有幾個人吃過人腦呢？我個人倒是覺得十分毛骨悚然。

造假的食物固然讓我的工作充滿樂趣，但有一個重要的法律問題，是每個食物造型師都必須特別注意的：美國的消費者在法律上享有很多保障，任何人都可以去消基會檢舉廠商廣有告不實的嫌疑。有些消費者不服商品照與實品差太多，於是原本致力把產品做漂亮是食物造型師們的驕傲，但要是做得太漂亮了，又等同欺騙消費者，中間有一個很微妙的界線必須拿捏穩當。以商業攝影來說，造型師只要遵守一個基本法則，就可避免任何事後諸葛的煩惱——畫面裡的每樣東西都可以造假，但拿來賣的那樣商品必須使用實品。

像是拍攝喜瑞兒玉米穀片的廣告，許多食物造型師通常會用「假牛奶」，也就是白膠或白色的護髮乳。只要吃過玉米穀片的人都知道，穀片泡在牛奶裡，不到幾分鐘的時間就融化了。所以與摩托車機油一樣的道理，假牛奶解決了水溶性的問題，還可以讓玉米穀片根據客戶喜好，無論是要站、要躺，斜著放還是平著擺，都非常容易操弄。因為要賣的商品並不是牛奶，所以牛奶造假並沒有犯規；主角玉米穀片雖然沒辦法造假，但食物造型師依然有辦法幫穀片加分。造型師通常會從幾十盒支離破碎的玉米穀片海洋中，挑出剛好能放滿一小碗，無論是色澤、大小、弧形全都一百分的「玉米穀片界正妹模特兒」，於是任何人在家做的一碗早餐穀片，永遠無法與食物造型師花費數小時「雕塑」出來的早餐穀片相比。但是龜毛不犯法，你吃的與我手上拿的，確實是一模一樣的產品沒錯！

今日食物造型師不能說的祕密，已和三十年前沒有數位相機與修圖軟體的時代大不相同。許多拍攝上的小瑕疵，或是調整食物的顏色，甚至連煙霧都能後製放上去，輕鬆幾個按鍵，就能取代以往造型師們在廚房千辛萬苦實驗得來的成效。

不斷進步的相機技術也讓拍攝過程越來越順利，很多時候拍照速度之快，連冰淇淋都不需要造假了。對於這些逐漸失傳的老派食物魔術，儘管現今沒有用武之地，我依然不斷蒐尋，期待學會更多技倆。食物造型師這個職業其實並沒有存在非常久，五十到一百年以內的時間而已，也許未來我能當一位食物造型的歷史學家，成功解鎖所有的造假技術！

去羅馬尼亞吃鱉

說了不少勵志、動聽又好吃的故事，我猜一定也有人想知道那些關起門來的不順遂時刻吧？今天要給大家上的菜就是鱉，我在好萊塢吃鱉的故事，還附上詳細食譜，教你遇到爛客戶如何應對這樣。

二〇一九年的夏天，在我加入電影工會前的最後一個月，接到一部在羅馬尼亞拍攝的科幻長片。電影的概要是：NASA 找到了一個距離地球一百光年之遠的可居住星球，三十個太空人從還是襁褓中的嬰兒開始，就被訓練在外太空生活，他們的任務是在太空船上繁衍後代，而他們的後代繼續傳承這趟太空之旅，有朝一日在地球毀滅之前為人類找到新的住所。

我的工作是要根據導演、美術指導與道具組的想法，設計幾套充滿未來感的太空員工餐。這個工作有哪些挑戰？

首先，三十個演員，代表有三十個過敏、不能、不想、不願意吃的食物群組。

再來，處理三十個演員的戲用道具，又要連戲、重拍、多組角度，每一場戲必須製造出上百份一模一樣的食材。

第三，羅馬尼亞片場沒有爐具，沒有水槽，沒有任何專業廚房設備，並且，沒有助理！

聽起來是個吃力不討好的局無誤，但我依然同意接了這部片，一來是因為人在江湖，義氣與人脈真的十分重要。請我來工作的道具師是在《少年 Pi 的奇幻漂流》的時候就開始合作的艾瑞克，在美國這十年，他除了帶給我無數工作之外，也介紹了新客戶，幫忙我加入工會，就連生活大小事也時常處處麻煩他。白話來說，我欠他真是欠大了！於是這些年來，只要艾瑞克一通電話，無論多忙多爛的局，我必定二話不說親自到場支援。另外一個私心的原因是，我默默設定了一個工作上的里程碑，就是有朝一日要當一個會被客戶願意跨國禮聘的造型師。能夠讓人排除萬難指定你飛去世界各地任何一個角落工作，對我來說是身為一位食物造型師的最高成就了。

基於這些理由，我暫時放下洛杉磯的生活，打包前往羅馬尼亞。一開始只計畫待八天，開啟旋風工作模式，落地立刻開工，做到吐之後立刻閃人。調時差與趁機觀光？荒謬！別想了！

才抵達羅馬尼亞第一天，就發現這個劇組天窗連開，原本說好的工作量翻倍之外，原定要拍食物戲的日期也不斷更動、增加。很快我就理解八天根本是一個不切實際的幻想。我與艾瑞克溝通之後，決定向製片要求幫我改機票，以及增加我的工作天數。在好萊塢，基本上任何超出原先預想的花費，都需要額外徵求製片書面同意。為了要讓電影順利運作，這個書面同意在我看來應該只是一個禮貌上的知會，殊不知成了接下來一路走下坡的開端。

這部片的製片是 G 布朗（G. Mac Brown）。講別人壞話我通常不喜歡指名道姓，但這位 G 製片真是無法無天到我懶得幫他打馬賽克了。G 不是什麼小家子的獨立製片，他製作的作品隨便舉幾個例子好了，《澳大利亞》、《MIB：星際戰警 3》、《黑塔》、《活個精彩》，都是要麼叫好不然叫座的電影。G 先生接到我與艾瑞克的請求後，出了一個陰招，說如果我同意接受打折過後的酬勞，並且算固定週薪，加班時數無上限，他才願意幫我改機票，否則我就是原訂八天後離開羅馬尼亞，道具組食物做不完出包也不干他的鳥事。

身為一個受過教育、有義氣又有人情味的台灣電影人，即使這個要求不合理，我怎麼可能讓道具組在拍片現場挫屎？就像被人逼到死角，槍抵太陽穴逼蓋手印，我依然忍氣吞聲接受了比原本已經很低的酬勞還要更低的數字。

好，鳥事放一邊，埋首工作。我的工作室位在一個廢棄的舊工廠，隔壁鄰居是一天到晚需要焊接鋸木的特效組，沙塵噪音除了不衛生，對健康肯定不會好到哪去。要用水得走到廁所接水桶，炒菜得用桌上型的小電磁爐和小烤箱。載我去超市的司機不會說英文，羅馬尼亞文我當然是看不懂，每次去買菜都是半天的工夫。除此之外， 羅馬尼亞是一個怎樣的國家？在羅馬尼亞工作又是一個怎樣的狀態？

羅馬尼亞曾經是社會主義國家，會講英文的司機跟我說了一些他們民主化之前的恐怖故事。我們開車路上經過一些雕像和橋梁，司機跟我說：「妳知道這個雕像跟這座橋是怎麼來的嗎？以前有一個很會釀酒的人，因為釀酒賺了很多錢，當時的獨裁總統（尼古拉・壽西斯古）看他不順眼，連夜找人把他暗殺，沒收了他的財產，然後跟人民說他的財富應該是要屬於人民所有，於是蓋了橋梁跟釀酒師的雕像。」壽西斯古說這是釀酒師要獻給人民的禮物，話說他老兄把人家殺了還幫他做雕像，真是有夠變態。又有一天壽西斯古早上醒來，突然覺得在他官邸窗前有排別墅看起來特別刺眼，除了擋住他的視線之外，他覺得有人住漂亮的別墅就是不公平，當天就叫爆破小組把整棟樓連人帶屋炸了！

一九八九年，羅馬尼亞人民終於推翻暴力的壽西斯古。各位不用擔心，他終究是得到應得的現世報。當壽西斯古與他貪婪的妻子在法院接受判決的當天，小倆口以為大不了就先被關進監獄，之後還有機會上訴，沒想到他們走出法院的一瞬間，特種部隊直接在法院門口將兩人立即槍決，吃驚都來不及就掛彩了。我後來才知道，我的司機退休來開車之前，是在羅馬尼亞特種部隊上班⋯⋯寫到這裡，我瞬間有點害怕羅馬尼亞人了。

現今的羅馬尼亞雖然是民主社會，但民情上依然有著許多社會主義國家的影子。商家以及一起共事的同事普遍都不願意變通，很多人對於問題或是任何特殊要求，無論難易，第一反應就是「不可能」、「做不到」，這點十分令人挫折。民生物資方面，羅馬尼亞依然十分落後，大部分超市賣的食材種類很有限，品牌也很有限，不像資本主義社會選擇那麼多。無論你今天去的是五星級大飯店，還是去巷口阿伯開的小店，吃到的商品幾乎都是一樣的，口味上或許因為調味的不同有些差異，但是品質上是沒有任何差別的。想像若是在台灣，每一間小吃店都只賣新東陽蒜味香腸，去希爾頓飯店點香腸，拿來的也是新東陽蒜味香腸，沒有黑橋牌，也沒有滿漢，大概就是這種狀況。

那究竟為何要大費周章把劇組搬去羅馬尼亞？許多好萊塢片選擇到其他國家拍攝，當地的風景是其中一個原因，另一個更大的原因，不必多說，大家應該都猜想得到——經費！在羅馬尼亞請一個員工，時薪只要四塊美金（基本上跟在台灣差不多）。一些入門等級的工作例如助理、司機、油漆工、清潔人員等等，如果僱用當地人員，光是人事開銷就可以壓到原本的三分之一。外加這些國外政府為了鼓勵外資電影進駐，多半還會提供回扣，花十塊省一塊、住宿飯店打折、稅金減免等等。

說到這裡，我特別想說一個關於胡蘿蔔的故事。

劇本裡面寫：「三十個年輕的太空人在員工餐廳，面無表情地領取餐盤，餐盤裡頭放的是卡路里控管精確的豆泥麵包、迷你胡蘿蔔，和清水一杯。」對於這個豆泥麵包與迷你胡蘿蔔的長相，美術指導心裡自有藍圖，尤其是胡蘿蔔，他的想像是超市可以買到的迷你蘿蔔，但葉梗還沒移除的版本。為了這個有葉梗的胡蘿蔔，我必須先買到連根帶葉拔起的胡蘿蔔，之後再慢慢用雕塑工具把它們削成迷你版的大小。我跑遍全首都的超市，每一家超市都跟同一個農場進貨，所有的蘿蔔在裝箱之前就已經去頭。我一度還試著要用三秒膠把芹菜的葉梗黏在沒頭的紅蘿蔔上，非常崩潰。最後我終於問司機可不可以帶我去農夫自己擺攤的市場，但司機大哥聽不太懂英文，要找菜市場這件事情我他媽大概用了十種肢體語言，追趕跑跳碰配上翻譯機，總算讓大哥開竅帶我去買菜。

到了菜市場也是一翻折騰。大部分的菜販依然都把紅蘿蔔去了頭，我問他們可不可以明天擺攤之前先不要去頭？五個農夫裡面有四個跟我說「沒辦法」、「做不到」！究竟做不到的原因是啥？我這輩子大概都不會知道了。最後終於有一個阿姨跟我說可以，好開心我在內心放了鞭炮，隔天跑去找她，她老娘的還是給我去頭了！問她為什麼去頭了咧？！她說，喔，天氣熱。（我他媽的圈圈叉叉到底是共啥小啊？）焦頭爛額的我在市場走了一圈，說時遲，那時快，竟然看到另一個阿姨有滿山滿谷的胡蘿蔔正準備要去頭！我立刻請翻譯幫我阻止她，把所有的紅蘿蔔都買下來了！前一個阿姨看得哭哭臉好生嫉妒，誰叫妳他媽天氣熱要給它去頭，昨天就跟妳講好了不是！

這還只是眾多困難的其中一個，基本上，在羅馬尼亞拍片，我的心得就是：所有的計畫都要有三個備案，沒有萬無一失這種事。

原本八天的羅馬尼亞行程一轉眼變成二十天，原本覺得在廁所洗碗，在廢棄工廠切菜的生活很荒謬，後來也就習慣了。我從早上六點開始工作，一直到晚上九點才回到飯店，這樣連幹兩、三個星期後，不可能的任務也就完成了。我在那個根本稱不上廚房的工作室做了上千份不同口味的「太空麵包」、數十加崙的「太空黏液」和「太空飲料」等等。導演與美術指導對我讚譽有加，每一場戲結束後都親自跟我道謝，演員們從一開始機機歪歪吵著不想吃看起來奇形怪狀的科幻食品，到後來也吃得津津有味。唯獨這位 G 製片，還記得他嗎？不肯幫我改機票的 G 先生，自從討價還價我的酬勞之後，每天在片場見面，他沒跟我打過一次招呼，拍完片也沒跟我道過一聲謝。

羅馬尼亞的災難並沒有隨著工作結束就告一段落。

離開羅馬尼亞後，劇組還欠我一張支票。收據寄出去之後幾個星期，我收到了部分匯款，少了六百塊美金。寫信去問會計小姐尾款什麼時候會付清？小姐說：「G 製片認為這筆匯款就是妳應得的金額，我們不會再匯剩下的尾款。」

我回信：「請問你覺得我們現在是在跳蚤市場嗎？廠商的薪水難道

可以看你高興隨意支付？我理解我與這部片的工作關係並沒有事先簽合約，這是我最大的疏失，算我學到教訓。我無法控告你們這是犯法的行為，但你們願意為了幾百塊美金做出如此有傷職業道德的行為？如果事實不是如此，請將剩下的尾款付清。」

一星期後，我又收到一筆匯款。G 製片決定再多付我四百美金。至今這個劇組早已殺青，還欠我兩百塊美金。我當這兩百塊美金是繳學費，學到了一課。記住他的名字，只要我還在好萊塢工作的一天，就要告訴全世界，他是爛人一枚，千萬別跟他合作！我認真希望他覺得這偷拐搶騙得來的兩百塊對他來說是值得的。

抹茶枸杞太空麵包

我熱愛空氣感十足的戚風，但磅蛋糕的紮實又是另一種滿足。磅蛋糕的特色就是奶油比例重，奶油固然香醇，但加入植物油才是讓糕點濕潤的大絕技。磅蛋糕烤好兩天之內的風味最佳，冷著吃，熱著吃，都好吃。第三天之後，我會建議一定要先用微波爐或是烤箱短暫加熱，才能讓蛋糕徹底「回魂」。

基礎磅蛋糕麵糊

室溫無鹽奶油 1.5 杯（340 公克）

砂糖 2.5 杯

鹽 1/2 小匙

室溫雞蛋 6 顆

花生油或味道溫和的植物油 1/4 杯

杏仁露或香草精 1 小匙

無糖優酪乳 3/4 杯

泡打粉 2 小匙

中筋麵粉 4 杯

抹茶麵糊

抹茶粉 3 大匙

溫牛奶 1/4 杯

蜂蜜 3 大匙

基礎磅蛋糕麵糊 1 杯

枸杞 1/4 杯（裝飾用）

製作基礎磅蛋糕麵糊

用電動打蛋器將奶油、砂糖和鹽打到蓬鬆泛白。

接著依序加入雞蛋、花生油、杏仁露和優酪乳攪拌均勻；打蛋的時候要一顆一顆打，打勻了再放下一顆。

最後加入泡打粉和麵粉，用刮刀輕輕翻拌，切忌過度攪拌。

製作抹茶麵糊

在抹茶粉裡加入少量的溫牛奶，一次一湯匙，慢慢加入並且不停攪拌，才能讓抹茶粉滑順地化開。只要抹茶粉完全化開即可停止，不需要用完所有牛奶也沒關係。接著加入蜂蜜攪拌均勻。

加入 1 杯剛才做好的基礎磅蛋糕麵糊，輕輕翻拌成綠色麵糊。

組裝

用溫水浸泡枸杞約 10 分鐘，軟化後大致切碎，保留大小不一的顆粒為佳。

準備一個 33 公分的長方形烤模，或是兩個 18 公分小型磅蛋糕模，並且在烤模內側抹油。

倒入基礎麵糊，放入一半的切碎枸杞，再隨性地將抹茶麵糊以斑點狀倒在最上層。

用筷子或竹籤在黃綠相間的麵糊表面穿梭作畫，豪氣地勾勒出喜歡的暈染效果，然後灑上剩餘的枸杞。將烤模往桌上輕摔兩下，即可放入烤箱。

烤箱預熱至攝氏 180 度（華氏 350 度），烘烤約 40 分鐘。因為各家烤箱脾氣不同，烘烤 30 分鐘的時候拿牙籤插入蛋糕中心測試一下，若牙籤沒有沾黏麵糊代表烤熟了，有沾黏就送回去再烤一下。

佛地魔

本書的故事大部分是我在工作休息的零碎時間，用手機記事功能快速記下金字塔頂端那頭的人生。故事之所以精彩，是因為那一端的人生樣貌並不容易取得，滲透敵軍奪取資訊是需要機運的，有些單一事件就花了我好幾年才蒐集得來，畢竟不是每天都在過年的。二〇一九年夏天的某個星期，我有幸幫某知名賣座導演，拍了一堆會變形的機器人，那位不能說名字的佛地魔工作。在這我就稱他「小貝貝」好了。那個夏天加州豔陽普照，但我的記事本看來好比寒流來襲的農曆年。大過年了！每天都有駭人篇章可以寫！

我在接這份工作之前已經被打了不少預防針，同事告訴我皮要繃緊，準備充足，手腳要快，小貝貝修養很差，隨時都有可能被他罵！其實小貝貝的負面新聞，任何人上網搜尋，都可不費吹灰之力找到滿山滿谷描述這位暴君導演的文章。他的特效總監甚至幽默地在一個訪談直稱：「我跟小貝貝合作很多支片了，在此我想幫他澄清，所有你們在網路上看到關於他做人有多差的負面傳聞……全部……呃……都是真的哈哈！」至於哪些是真的，哪些是誇大杜撰出來的？我個人無法評論。這裡說的故事，可能不是最誇張、最精彩的小貝貝新聞，但至少是我親眼看到以及親耳聽說的。

抱持這樣的警戒心情，上班第一天，我走進小貝貝位於聖塔莫尼卡海邊的工作室報到。同事幫我開門之後，首先看到一個空無一人的櫃台，沒有接線生，基本上也沒看到幾個人影。櫃台上展示著一顆黃色機器人的頭顱，與霸氣的工作室招牌做為背景。接著看到一面水牆，小瀑布緩緩流在馬賽克磁磚拼成的牆壁上，一些電影海報、畫作，一個整齊擺滿零食水果的現代廚房，以及一些辦公室隔間，就是十分常見的好萊塢工作室空間。

我還在打量環境，忽然聽到一聲響徹雲霄的「汪」！有三隻巨型獒犬，每一隻都比我的身體還大，像高傲的獅子般各自癱在角落休息，完全無法忽略。「不可以亂吠！」一位年輕男子嚴正地告訴其中一隻巨犬，一面替另一隻巨犬更換背上的冰敷毯。「他們只是看起來兇狠，不會咬人。」男子說，手上正在準備狗吃的藥品、維他命、藥膏等等。我小聲問身邊的同事：「呃……他該不會是一位……狗護士吧？」同事跟我說，他是狗護士、狗司機，可能還身兼狗廚師咧！這三隻小貝貝的愛犬，有自己專屬的豪華廂型車，到哪裡都有專人接送。也是，我差點忘記在金字塔頂端的世界，狗比人好命太多了。

跟小貝貝工作最困難的一點，該怎麼說呢……就是他並不把你當人看。其實大牌的人都差不多有同樣的毛病，如果難搞的女生叫做「公主病」，那大牌明星可以說是有「天神包袱」。我出社會十年，合作過無數導演，很幸運地，絕大多數的導演可能都有經過一段吃苦日子，對工作的劇組人員都懷著感恩的心。小貝貝是另一種生物，他並不把工作人員看在眼裡，每個人對他來說就只是一個螺絲，一張臉，沒有名字。他需要什麼東西，對著空氣大聲許願，就會有人立刻幫他打理好。他不說謝謝，不說請，然後絕對不可能說對不起。時尚女強人安娜・溫圖說過：「沒有一個好團隊支持，你什麼都不是。」（You are nothing without a good team.）這很明顯不是小貝貝的理念。

覺得我言過其實嗎？我來舉個例子，第一天拍片，他以鉅額將自己的車庫出借給美術組搭景，為何要用他的私人住宅？因為他覺得這個室內景去哪裡搭都差不多，在他家車庫拍的話就可以下樓換掉睡衣直接開拍。這倒還好，誰不想錢多事少離家近？但是要進入小貝貝的住宅之前，副導告訴工作人員：「我們現在要進入導演的私人空間，我們會從他家門口一路到進入布景為止，鋪好厚紙板黏成的地毯，請各位不要踩在紙板以外的範圍。器材如果是需要推車才能帶進現場，推車一律禁止進入。你私人的包包、水壺，拍戲用的道具，請一併從簡。各位！請尊重導演的家。」

接駁車帶我們到小貝貝家門口，那是一個可以媲美北美館的現代建築，門口先是看到厚重的石板，接著抬頭看到幾個骨架方正的建築物相併，全是大片落地窗，美麗的園藝造景，三五園丁戴著草帽在屋頂澆水，佔地之廣一眼望不完。我們拍攝的地點是在他家的地下室，一個斜坡向下，左右有像是飛機起飛用的兩排地燈，這是他平常停車的車庫。從門口到車庫的一路上，果真如副導所說，都有厚紙板帶路。抵達車庫之後，我們被要求必須脫掉鞋子才能在現場走動，所有的背包都要全程背在身上，身體不能靠到他家的牆壁。最可憐的其實是攝影組，他們的器材每個都重到靠北，不能用推車借力，攝影助理只能扛著機器，光著腳，不斷從地下室的車道爬上爬下。臨時需要什麼，脫鞋，穿鞋，爬上，爬下。

「我們的鞋子比他壓到狗屎的藍寶堅尼輪胎還要骯髒就是了。」這是我內心的台詞。

小貝貝是一個方法論導演，意思是，他到拍片現場的時候不想覺得自己是在一個假的片場，從一條多餘的電線，或是需要用來搭景的梯子，到工作人員的背包、私人物品，任何會破壞他「入戲」的元素，都會令他勃然大怒。當他踏入現場的那一瞬間，不管工作進度到哪裡，所有人都必須連滾帶爬立刻清場，因為他會不斷大聲重複這句話：「清場！清場！人類退散！」（Clear the set! Clear the set! Humanity walk away!）任何還在他視線內的工作人員都免不了被臭罵一頓，或是副導演也會沒命似地把人請出現場。當然，他的三條巨犬可以留下。

另一天，我們的拍攝場景是位在洛杉磯恩西諾這個城市的超大水果批發市場，多才多藝的美術組在市場的一角放上各種道具和摺疊桌椅，調來了車身有中文字噴漆的發財車和摩托車，仿造出一個車水馬龍的香港麵攤場景。飾演皮卡丘警探的那位知名演員必須在這個麵攤吃炒麵，於是負責皮卡丘警探手中的那碗麵就變成本人當天最重要的工作職責。炒麵準備好了，但一直沒有人能告訴我小貝貝什麼時候才要過來拍這場戲。在他的片場還有另一個很靠北的狀況，就是沒有人敢問他接下來要拍什麼，他又特別喜歡自己手持鏡頭，你永遠不知道他的觀景窗會帶到哪邊，只能在什麼都搞不清楚的狀況之下盡量瞎猜，然後祈禱一切順利。

我一大早就在假麵攤現場待命了，一直到下午兩點左右，小貝貝其他地方終於拍滿意了，瞬間說來就來。工作人員雞飛狗跳地架燈打燈，把最後的布置擺放到位。小貝貝已經不耐煩，開始他的招牌口頭禪，命令現場的人類滾開。我捧著一碗麵龜縮在角落，不知道他現在是要先取景，先彩排，還是要直接來？他一面大吼工作人員，一手掌鏡，一手摸狗，演員們都已經站到位。

小貝貝：「全部退散！我到底要說幾次，放下手邊的工作，全部退散！先不要弄那個，離開！通通離開！」

終於燈光師、場務組、美術陳設，所有的人確定將現場搞到一個勉強能交差的地步，什麼膠帶啦、油漆啦、多餘的燈具管線之類的全都沒時間收拾，心不甘情不願地清場了。這時小貝貝忽然又吼：「直接來！啊靠！那碗麵咧？演員不是要吃麵嗎？」此時所有人轉頭向我。

我把手中那碗麵上的保鮮膜撕去（給演員吃的食物都要事先黏好保鮮膜，防止灰塵進入），就在我撕掉保鮮膜的那兩三秒鐘之間，小貝貝本來就所剩無幾的耐性剛好達到了極限。當我把麵放入皮卡丘警探手中的那一刻，他瞪了我兩眼說：「不需要妳了啦！剛剛要的時候沒有，現在不用了。先來排戲，等下再說，離開！全部給我離開！」壓力大不大？老實說其實還好，我早就知道他的拍片現場會是這樣了，而且他也不是只罵我，他一整天誰都罵。我面無表情，拍拍鼻子上的灰，躲回自己的角落，準備等他排練這場戲一結束，心想哪怕只有一秒的空檔，老娘到時會火速衝上去把麵放好。

「卡！直接來！」聽到我的 cue 了！健步如飛跑進現場，麵一放，立刻跑出來，得意地想著：任務達成！看我快手快腳你還能怎樣！說時遲，那時快，燈光組之前因為被罵，留下滿地管線來不及清乾淨的殘局，在這時徹徹底底絆了我一腳，差點跌個狗吃屎。好在本人有著貓一樣的平衡感，只是乒乒乓乓撞了一堆燈具，最後還是完美落地，雖然惹來一堆注目，但沒仆街，安全回到允許賤民待著的小角落。副導演走過來嚴厲地指責我：「妳可不可以不要這麼橫衝直撞？放慢腳步好嗎？」

我沒開玩笑，聽到這句話的瞬間我腦袋斷線，剛剛被瘋狗導演指著罵都沒有發飆，這傢伙現在還真惹到我了。我不服氣地回應：「也許你看不出來我剛剛有點趕時間？地上這麼亂，你要我怎麼做？」這位副導演一臉機歪地說：「Well（這個well非常機歪），如果妳放慢腳步，或許就會看到地上的東西了。」我雖然氣到全身發抖，卻也沒時間跟他計較。我得把注意力集中在下一個補麵的時機，敬業的人在現場沒有時間玻璃心。

這個副導的舉動在我看來十分諷刺，我知道他擔心我如果今天在片場跌倒了，照規定這算是職業傷害，完全可以大鬧一番上法庭請電影公司賠我一筆可觀的數目，而電影公司最不希望的就是這些鳥事。所以無論是言語上的騷擾，種族與性別之間的歧視，一路到現場人身安全，副導演除了掌控拍戲進度之外，另一方面也要幫助電影公司預防這些狀況發生。但是在一個極度高壓與不友善的工作環境，工作人員何來專業表現？最大的問題出在導演，但誰能跟導演相抗衡？在好萊塢工作的人也通通都是為五斗米在折腰的，像小貝貝這種等級的人，除非他殺人放火又強姦良家婦女，基本上不管他的人品有多機歪，一輩子都不愁巴結他大腿的投資方與工作人員。

小貝貝的這部新片堪稱Netflix史上預算最貴、超支最多的一部作品。我雖然並沒有跟拍全程，但可想而知以他這種隨心所欲的拍片手法，很多問題就只能錢砸下去解決。不知道，不敢，也不能問導演想要什麼？那就只能店裡有的選擇全部都買下來了。不確定導演什麼時候要拍什麼東西？那就只好隨時請人在一旁待命。我只參與了短短一星期，這一星期每天都 OT（overtime，超時工作，薪資加倍），還有 MP（meal penalty，也就是中午放飯沒有休息，薪資也加倍）。

殺青之後，我打給一個敬重的道具師，想跟他分享我的「小貝貝體驗」。這個道具師不但心地善良，善待工作人員，還有一張落落長的漂亮工作履歷，他這輩子三十年來只有一部片是半途離職，也就是小貝貝執導的電影。他感嘆地說：「當你想做好一份工作，卻被一個禽獸當面指著罵，何來專業表現？何來的尊重？為他工作的人怎樣都贏不了。」

好幾個友人問我：「如果未來有機會，妳還會接他的片嗎？」這真的是一個很難回答的問題。在好萊塢為了名氣折腰，似乎不是什麼過不去的觀念，反而是如果不為名氣折腰，有些人會笑你好傻好天真。我只能說，如果再次獲得滲透貝貝敵軍的機會，或許，只有或許，我會為了優渥的 OT 以及未來能夠寫出更精彩的文章，忍受再被打幾個巴掌。但即使他的名聲再響亮，我心裡還是默默希望不要再有考驗我骨氣的那一天。

如果可以有時間好好下麵給 Ryan……的

冰煎茶日式涼麵

拍片現場因為各種地域與設備上的限制，若劇本沒有明文規定，比起葷食，素食永遠是食物造型師的好幫手。先無論個人喜好，素食料理可以減輕演員一整天拍戲下來需要不斷進食的負擔，冷熱皆宜，久放也不易腐壞。我幻想著若是與皮卡丘警探拍片那天沒有種種時間壓力與精神折磨，這道冰煎茶涼麵絕對是我上菜的首選。

1-2 人份

麵條 100 公克，蕎麥麵、涼麵或意麵不拘

冰塊 2 杯

日式芝麻醬 2 大匙

和風醬油 4 大匙，或用醬油 3 大匙加檸檬汁 1 大匙取代

綠芥末 1/2 小匙

冰涼的無糖煎茶 1 杯

配料

小黃瓜 1/2 根：切絲

煮熟的毛豆 2 大匙

海苔絲 1 大匙

洋蔥絲[3]、日式飯友、蛋皮絲（自由添加）

取一小湯鍋，燒熱滾水之後加入麵條，煮 5 到 7 分鐘。

瀝掉鍋中的煮麵水，立刻倒入 2 杯冰塊降溫；若沒有冰塊，沖冷水直到麵條完全降溫即可。

取一深湯碗，放入混合均勻的芝麻醬、醬油和芥末，再放上冰鎮的麵和各種喜愛的配料，食用前沖入冰煎茶即可。

註 3　做給演員吃的料理切記捨棄生洋蔥、青蔥、大蒜等食材，以免造成口臭，影響與其他演員對戲。

助理・上篇

「我明天會帶一個助理過去。」

第一次說這句話的時候，連我自己都無法置信。

但別急，在有自己的助理之前，我一定要先講那些「我去當別人助理」的日子。不過這段時間並沒有很長，因為，在美國拜師學藝的過程，跟我當初想像得不太一樣。該怎麼說呢？我「無意間」做到半路就出家……不對，是出師了。

在〈投一百封履歷〉那篇文章裡，我提到自己龜縮在洛杉磯公寓裡狂投履歷的事。投了這一百封履歷之後，其中有幾個食物造型師回信給我，雖然這些人裡面並沒有誰真的成為我的老闆，但每個人都教了我一點東西。

專拍平面的造型師 S：「我現在不缺人，但可以給妳一些職場上的建議，追夢還是要顧及現實，我建議妳去找一個工作時間彈性的副業，這樣有案子你隨時可以配合，沒有案子的時候也不會餓死。」聽了 S 的建議，我把固定班表的餐廳工作辭去，開始找私人廚師的工作。

廣告造型師 K：「不缺人，但可以讓妳無薪實習。」我跟 K 去了一個芥末醬的廣告，到現場之後發現 K 已經有助理，而且是她女兒，跟她搭檔超過十年了。K 說很少工作會需要兩個以上的助理，儘管知道再怎麼輪，K 一定是先找自己的女兒，我還是問了幾次實習的機會，全無下文，只好作罷。

老牌造型師 N：「太棒了！願意無薪實習的話就來吧！」這位造型師是個超三八的老人，拍片現場一直用 honey、sweetie 稱呼我，永遠記不得我的名字。我只幫他工作過一次，但接下來有段時間他不管有沒有工作，都會打電話來聊天，有時候一聊就三十分鐘，完全沒重點。這樣講很過分，但他讓我聯想到住在養老院的失智老人，終於找到一個替代他女兒的志工小妹妹。不蘇胡。

造型師 J 是一個道具組的朋友介紹的，他是好萊塢很多人的御用造型師。我去幫他工作的那天覺得一拍即合，甚至與他每一個助理都相處融洽，他當下也承諾下次一定會再找我，並且請我給他匯款明細。（我終於可以領到薪水了嗎？）結果工作結束三個月，J 不但都沒再打給我，支票也遲遲沒寄來，我只好又傳了好幾封簡訊給他。催支票是一件很機車的事，因為明明就是人家欠你，卻好像你去煩別人一樣。支票總算來了，一看數目，他付我一個小時八塊美金，也就是當時美國的最低薪資，比在麥當勞打工的薪水還要低。一個專門接好萊塢億萬製作的食物造型師，未免有一點太小器了吧！

這些一個比一個爛的工作經驗，總算讓我可以進入正題——我合作過最爛的造型師克麗絲・奧利佛（Chris Oliver）。你們有注意到，我稍微幫其他造型師打了馬賽克，只用代稱不使用全名，但我相信因果輪迴，爛人就是要全名都寫出來才公平。為了方便我寫接下來的文章，在此簡稱她為 C。

C 是一個白人，紅髮，中年婦女，畢業於北加州知名的 CIA 美國廚藝學院。我無意間看到她的網站，知道她跟造型師 J 一樣，主要業務都是電影、電視圈裡頭的食物造型。她做過的電視劇清單落落長，如果說 J 是大成本電影圈的第一把交椅，C 則是中小型電視劇圈女王。我主動寫信給 C，詢問實習的可能性，沒想到 C 爽快地一口答應。她與我約在洛杉磯南邊的工作室，一個離我家車程一個半小時的地方。

第一次碰面時，她跟我說她是個性豪爽的性情中人，有話直說、有屁就放，她還說自己不相信免費實習這樣的觀念，有工作就應該領錢，一個小時願意付給我十塊美金，並且相當自豪自己發薪水的速度，絕對是當週結帳。一切看似很有前景，儘管來回開車要三個小時的路程，那時的我依然覺得自己像是中了樂透一樣幸運。短暫的面試結束前，C 義正嚴詞地說她只有一個底線，就是不能邀功，不能搶她的客戶。我說：「這是當然的，誰會去偷妳的客戶呢？」

這一問打開了 C 的話匣子：「我最近正在告一個助理，我當初給了這個女生一個機會，她開始在片場逢人就交換電話，後來自己接到了一些客戶，到處跟人說她做過很多電視劇。那些電視劇都是我帶她的。我去看她的個人網站，上面還列了我的客戶，這種行為我無法容忍，只好尋求法律途徑。」

我再三跟 C 掛保證，我只想拜師學藝，沒有其他意圖。於是我開始正式為 C 工作。

我從跟著 C 一同採買開始學習，幫她推菜籃，學習她打包雜貨的系統。C 有一個怪癖，就是購物袋千萬不能著地，無論是環保袋、塑膠袋，甚至紙箱，只要任何裡頭有裝食物的容器，就算手上再多東西，也絕對不能隨意地放在地上。她說細菌就是這樣爬進來的。有好幾次我忘記了，被她臭罵一頓。買完菜回到工作室，我就負責幫她備料。她有一個大助理，還有一個卡車司機，拍片現場通常 C 只是去露個臉就走了，所以我的工作就是支援這個大助與司機。剛開始工作的時候，我只覺得 C 就是個有點神經質的大媽，有時候急躁講話大聲了點，並不覺得她特別難相處。但經過幾次之後，我發現她的急躁會隨著壓力程度翻倍成長，瞬間變成怒斥，接著伴隨大爆走。連續好幾次看她對員工毫不留情地發飆，讓我越來越不想替她工作。

有一天清晨五點，我們要去派拉蒙片場做一場婚禮戲用的道具。我收到的指令是先去工作室與 C 會合，然後我和 C 以及司機三人要先負責裝車，大助則和我們在片場碰面。C 的車子是一輛卡車改裝的移動式廚房餐車，她的另一個怪癖就是每天都要沖洗這輛車。我與司機前一天晚上才把餐車裡裡外外都刷過一遍，一大清早，照理說應該就是食材直接裝車，然後就可以朝片場出發了。但 C 忽然像中猴一樣對司機發飆，說昨天已經清掃過不代表今天不用再清一次。司機問：「怎麼又要刷？昨天晚上才刷過，等到今天的戲拍完收工再刷才對吧？」C 的忍耐極限瞬間到達臨界點，對司機破口大罵飆髒話：「你他媽的有意見是不是？幹！我叫你再刷一次你就給我再刷一次，還是你要直接回家以後都不要來了？」我站在一旁整個傻眼。各位注意，這時候是凌晨五點，鳥都還沒起床，她就已經戰力全開時速一百八狂飆。可憐的司機快速地把餐車又洗了一遍，總算六點多，我們終於上路。

到了派拉蒙，C 為了喬一個可以停餐車又離拍攝地點近的位置，再次氣到一個高血壓心肌梗塞全部一起來。她開始連道具師都罵：「他媽的，你把我車停那麼遠，我要怎麼把菜拿進現場？來回走一百趟嗎？他媽的狗屁！要我怎麼工作！」一段唇槍舌戰過後，餐車總算是停在一個令她滿意的地點了。我以為這麼多時間耗去了，接下來我們一定得加快腳步吧，皮繃很緊自動自發開始把食物一籃一籃拿下車。當我正準備要往片場走去的時候，C 攔住我：「誰准妳進片場的？妳給我留在車上。只有我可以進現場，其他人全部留在車上！」我這才發現，每次拍片只有 C 離開了，留大助盯場的時候，我才有辦法走進片場觀摩。原來她害怕別人搶她客戶，要我與現場人員保持距離。

那次拍完片之後，我就離職了。老娘天生吃軟不吃硬，妳好好講話，要我做牛做馬我都願意，但妳偏要像瘋婆娘一樣比大聲，又藏私，我就不跟妳玩了。

我一直以為自己到洛杉磯會先花很長一段時間拜師學藝，謙卑地跟著一個師傅，五年、十年地好好學成一個技藝。我是真的心甘情願把所有時間都拿來做這件事，沒想到，跟了一些明明已經在第一線卻依然不怎麼入流的人工作，尤其是這位 C 太太，她給我最大的激勵，就是以牙還牙，下決心「從今開始致力把妳所有客戶都搶走」。這些年來，我沒有師可以拜，就靠著一股肚爛，往這個新目標努力。

有一天我與當初一起拍《少年 Pi 的奇幻漂流》的艾瑞克聊天，我跟他抱怨 C 的暴躁。好巧不巧，他跟我說他的老闆最近也才跟 C 拍了一部片，對 C 十分不滿，一直在尋覓新的食物造型師。這個人就是史考特・馬金尼斯（Scott Maginnis），他是好萊塢經驗老道的道具師，作品包括《全面啟動》、《MIB 星際戰警》等。史考特一聽到我在 C 那邊吃了鱉，馬上張開雙臂，也不在乎我有多少經驗，讓艾瑞克邀請我加入他的團隊。我的好萊塢食物造型師「復仇者聯盟」在此正式成立！

我與史考特第一次合作的電視劇是 HBO 名劇《矽谷群瞎傳》，第一天上班的時候，史考特跟我說：「我一聽說妳被那個瘋女人虐待，就很想證明給妳看，好萊塢也有好人的。」我跟史考特至今已經一起工作七年，他的助理艾瑞克後來也變成一線好萊塢電影的道具師，我也從他那得到一些工作機會。史考特的其他助理們經常將我的名字介紹給同業，原來，許多好萊塢的道具組都受夠了各種神經質的食物造型師，像我這樣收費合理、個性隨和，只需要一個小小工作箱，開一輛小破車就可以馬上工作的人，對很多道具師來說充滿吸引力！我不知道是怎麼回事，在廚房工作的人難道都這麼難相處嗎？除了感謝艾瑞克與史考特這兩位攜手推動了我在好萊塢做食物造型師的恩人，如果真要牽拖，我最想感謝的人其實是C，以及其他像她這樣難相處的人，因為有他們，才讓我有這麼多工作機會。

某天，當初那位常被C罵到臭頭的司機打電話給我，說C的老公在某年的感恩節受不了離家出走了。司機的口氣有種幸災樂禍的感覺。很多年沒想起她了，於是我好奇google了她的網站，看看她這段時間都做了什麼劇。她的網站看起來又比之前厲害更多，有很多電視劇還附上了截圖，瞧瞧⋯⋯漫威出品的《神盾局特工》⋯⋯嗯，不錯⋯⋯妮可基曼主演的《美麗心計》⋯⋯好，我承認我有點羨慕瞧⋯⋯喔？《菜鳥新移民》⋯⋯咦？我也有做這部欸，難道是不同季或是不同集？再仔細看了她放的截圖，等等⋯⋯這場戲明明就是我跟我助理做的啊！花惹發！

這位老小姐不是最痛恨別人邀功、偷客戶、亂掛名嗎？套一句台灣現在最流行的說法——是在哈囉？

我想各位應該有點好奇，我有沒有去檢舉她？答案是沒有。我覺得時間是一個很奇妙的武器，並不是每個人都很奢侈地有五年、十年去好好反思，並且收成自己的成就。很多人的時間就這樣浪費了，也有很多人得到的答案是一堆悔恨，對我來說，證明自己是對的，這樣就足夠了。

助理・下篇

於是，「我明天會帶一個助理過去。」

第一次說這句話的時候，連我自己都無法置信。

雖然沒當過多久的助理，卻意外出師了，現在還請過不少助理咧！身為一個老闆（推墨鏡），我可以告訴各位，哪些特質可圈可點，哪些最好捨去。列出來之後再看一遍，我覺得，就算不是助理，只要自詡為一個專業人士，這些特質依然通用。

跟過疑心病很重的老闆之後，我盡量要求自己不要成為那種討厭的人。不藏私是我對助理們的作風，我不覺得助理可以輕易地搶走客戶，因為要完成一份工作，除了能力之外，還有很多其他因素：你會不會處理突發狀況？你是容易慌張的那種人，還是有辦法從容不迫？再來論品味，客戶如果不知道自己想要什麼，你有辦法針對一個品牌給出最好的建議嗎？也許你的建議可行，但對客戶來說是最合適的嗎？入行這麼久，我對待每一份工作依然像剛出社會時一樣謹慎研究，每個星期還是給自己很多自學的功課，所以儘管助理的經驗值與日俱增，我的能力也以相同的比例不斷增加，這樣想其實就一點也不擔心會被取代。

我常接到剛入行的學生寫信來請教職場大小事，無論最終有沒有機會合作，我都一定會回信，無論是一封電郵、一通電話甚至一杯咖啡，有多少能幫的忙我都樂意幫。他們讓我想起當初在家投履歷的自己，每一個花時間回應我的造型師，無形之中不但帶給我希望，那些實質的建議、實習的經驗，都是得來不易的過程。

接下來是我個人的建議：首先，很多自由業或是師徒制的助理都是兼職，case by case，也就是有案子才會找你，沒案子的時候大家就各過各的。如果你想走的行業也是這種型態，在你去應徵工作之前，一定要先設定好能讓自己經濟獨立的各種 B 計畫。許多來應徵當我助理的人並沒有心理準備，拍片的人生非常飄泊不定，有時候很忙，有時候一個工作也沒有。有些人沒有其他「彈性」的經濟來源，一、兩個月之後就撐不下去了，為了安全感，還是跑回去做自己沒有興趣的正職工作了，很可惜。

為什麼一直強調「彈性」的經濟來源？因為如果你其他的工作時間缺乏彈性，當有好的食物造型工作上門時，你依然沒辦法配合自由業的種種突發變因：明天要拍片，今天突然改通告？上個星期說好的工作量突然增加，必須加班？這些都是常態。我的主業是食物造型師，但副業是私人廚師，可以隨意調換日期，所以儘管拍片行程改變了，通常我也能配合。每個師傅都是偶爾才缺人，有些助理會同時支援好幾個師傅，不把雞蛋放在同一個籃子，這樣就還滿聰明的。還有些人選擇開 Uber、外送食物、替人遛狗，這些副業也都很優，可以自己安排工作時數的選擇。這是我當初入行所得到最受用的建議，也因為這樣我可以持續追夢而不至於窮困潦倒。我希望能繼續將這個重要的祕訣傳下去。

接著是應對進退。這個領域有非常非常多的線可以踩，接下來我要告訴你的全部都是線。

有些助理非常積極想學東西，積極到他們會忘記自己現在身在工作場合，而不是學校。問太多問題，不斷筆記工作的大小事，甚至拿自己的作品出來尋求評語，反而忽略了自己最基本的工作職責，最後的結果就是什麼事情都要人教，不夠自動自發，也不知道如何預測老闆的需求。

有些助理愛在工作現場交朋友，聊天、攀關係、遞名片、交換電話，這種助理讓人覺得沒有誠意，只是想要把老闆當成跳板。

有些助理想要跟老闆混熟，成為朋友，於是分享過多個人私事、約會對象、家庭糾紛，好像分享越親密的事情就越熟一樣。我也喜歡工作的時候氣氛輕鬆愉快，我時常打屁開玩笑，笑聲連連，但開玩笑與公私不分僅有一線之隔。之前有個助理常跟我訴說家裡的經濟狀況，希望我能因此多給他工作。你要說我無情也好，我這個人對於這種界線特別看重，如果你是有能力的人，有工作我絕對不會少發給你，但你如果打同情牌，我就會覺得你職場態度不夠專業。我絕對不會告訴客戶任何私人的煩惱，如果客戶想說他的煩惱我會願意聽，但工作現場不是促膝長談的場合，私人的事情，最好留在家裡不要帶出門。

有些助理很愛討拍，很需要人肯定，每次請他做一件事，他非得講一大堆理由，說自己多麼千辛萬苦，排除萬難，好不容易才達成你要求的工作，目的是要讓你稱讚、器重他，但對我來說只有反效果。真正有料的人就是閉嘴把工作完成就好了，老闆沒瞎，他都看在眼裡。

我個人的工作方針是要先集滿十個「yes」才能說一個「no」，先說十個「can」才能說一個「can't」。太快就放棄，不會做的事情先說做不到，也不去做功課，就像喊狼來了的那隻蠢羊一樣，別人自然覺得你就是廢。如果偶爾真的辦不到的事情才說出來，別人絕對尊重你，他們會知道這已經是過分要求，反而還會欣然與你制定妥協的計畫。

遲到，沒有第二次機會。尤其是第一天上班，不管你有什麼理由，遲到，我就再也不會打給你了。早到十分鐘等於準時出席，這個超老派的潛規則我至今一直遵守著，並沒有因為自己入行久了就鬆懈。

藉口一堆，很不 OK。不小心做錯事，寧可直接大剌剌承認，道歉改正，也不要一直找藉口，怪天怪地甚至怪客戶，就是不怪自己。

有些助理沒有自信到了很令人困擾的境界，需要人不斷在旁邊牽著手，一個口令一個動作。明明就已經做過很多次的任務，沒有老闆的監督與肯定，依然像隻怕事小貓一樣不敢果斷做決定。

有些人過度自信到了很令人困擾的境界，給了明確指令之後依然愛插嘴表達意見，或是抬高自己的身價，不斷強調自己之前的工作經驗。更糟糕的是還沒有試用，就開始談自己高價的薪水。如果今天是你主動問我可不可以給你一份工作，那你就必須要接受我能給你多少薪水，證明自己有兩把刷子之後，再談調薪。

聽起來我好像很難搞？但這些都是我這幾年來親眼見證的壞習慣。最後我想要鼓勵大家，有夢想就不要輕言放棄。有的時候應徵不上某個工作，不一定是你不好，僅是因為時機不對，公司沒有缺人，或者是你的履歷早就被洗到老闆信箱裡不知道第幾百頁了。不要怕丟臉，沒事就多詢問，就算是已經合作過的對象，如果對方好一陣子沒打給你了，時不時就捎個信問問，不要馬上進入負面情緒，覺得人家一定是不欣賞你。

自由業真的很多時候都只是時機問題，這幾年來與我合作過的助理少說也有兩打，剩下還有十幾打都在我的信箱裡沒機會試用；有些人是真的不合適，但有些人真的一點問題也沒有，只是不是每份工作都需要助理，即使有欣賞的助理人選，過一段時間真的會忘記。雖然現在大部分的工作我還是親自上陣，偶爾有比較大的案子才會僱用助理，但這些我會持續連絡的人，都是專業、可靠，並且有自己副業的自由工作者。這些人總有一天也都會自立門戶，除了真心祝福他們之外，我永遠都歡迎新人來信問問題或是應徵工作。

好萊塢好棒棒

嗯，要怎麼聊好萊塢……

好萊塢是位於洛杉磯的一個老社區，因為華納兄弟、環球影城以及派拉蒙等巨型老牌片場當初都選在這個地點附近設廠，於是後人就直接將美國的電影相關產業稱為「好萊塢」。對拍電影的人來說，這三個字象徵著飛黃騰達的最高殿堂，對愛電影的人來說，可能矛盾地介於深度回甘與商業爽片之間愛恨交雜。無論你喜歡還是不喜歡，好萊塢對整個世界的魔性滲透力是無法否認的。如今我在這個電影工業重鎮的經驗雖然不算青澀，但也絕對稱不上資深，剛剛好足夠交一份田野調查報告。在好萊塢工作是否真的像美夢成真？進入工會有什麼條件與保障？優點？缺點？有哪些重要的生存法則？

進入正題之前，我想先打個預防針——有興趣想朝好萊塢發展的讀者，我的解析或許只適用在某些電影從業人員，畢竟我是個食物造型師，我的經驗跟一名導演、製片或是美術指導截然不同。再來我並不會將好萊塢與台灣電影業相比，一來是我並沒有真正的做過任何一部國片，二來是資源不同，兩者無法相提並論。

我二十六歲跨國搬家到洛杉磯，轉捩點是因為拍了《少年 Pi 的奇幻漂流》這部片。當初對於台灣電影的印象就是「一人要能當五人用」，製片不但需要找資金、協調人事溝通，還得借場地與買便當，每個人都身懷絕技，能拍、能導還能演戲！一直到「Pi」劇組進駐台灣之後，我才第一次感受到專業分工是多麼奢侈的待遇。好萊塢電影的分工系統精細到誇張的地步，是誘使我出國的最大因素。既然立志做食物造型師，我當然希望自己能夠花上所有的心思，一生懸命地做好專業職人，我不想負責幫劇組買便當，也不想管桌上的餐盤要怎麼擺設，選什麼花紋，我只想要好好心無旁騖地把菜做好，當一枚小螺絲釘，如此而已。

我當時在「Pi」劇組工作的部門是美術組，美術組下面又有近半打的子部門，搭建電影裡的每一個場景。我每天都必須四處跑腿、送設計藍圖以及傳話，也讓我徹底了解所有的分工細節。以電影開頭主角在印度家裡吃晚餐這一場戲為例，藝術指導（Production Designer）首先根據年代、建築史等大量參考資料，決定這個印度家庭的房屋結構與風格，接著插畫藝術家（Illustrator）會畫出草圖，確認與整部電影的風格相符；場景設計師（Set Designer）根據草圖開始丈量精密的施工圖，再交由模型設計師（Model Maker）蓋出縮小版的模型屋，方便導演與攝影師設計運鏡，也能幫助每一個部門對於完成品的想像。接著，施工圖與模型交到工程部（Construction）手上，開始蓋房子，選擇磁磚、窗戶、油漆等等，每一個環節都必須與美術組重新開會。房子蓋好了，換陳設組（Set Decorator）大展身手，負責室內裝潢，桌子、椅子、地毯、浴缸，又是不停地來回開會確認。從這個場景的窗戶望出去，可以隱約看到花園的盆栽以及更遠方的樹叢，這時還需要請植物組（Greens Dept.）出馬綠化環境。大功告成之後，演員進來排戲，他們手上是否需要請道具組（Props Dept.）準備例如手錶、筆記本、公事包等小道具？晚餐飯桌的菜色是什麼？這就需要食物造型師（Food Stylist）來張羅了。

上述有如流水帳錯綜複雜的分工，只是一個美術部門與旗下子部門，在眾多場景中的單一場景協調工作而已。不難想像為什麼好萊塢被稱為「電影工業」，想要負荷這樣的工作程序，的確需要一個可靠的工廠才能辦到。

因為讚許好萊塢的分工專業而前往洛杉磯的我，是否現在就覺得一切都完美了呢？大多數的情況我可以很有自信地說：「沒錯！」因為只需要關注放入嘴裡的食物，我有更多時間可以鑽研各路美食。我熟記了住家方圓百里每一個超市的擺設，劇本裡寫的任何一樣食物道具，我都可以瞬間指出哪一間超市的哪一條走道可以找到哪一個品牌的商品。這些年我確實如我所願地變成了一位「食物專家」，不屬於我職責管轄範圍的工作，不再需要煩惱如何拒絕無理的要求，再也不會被問「你可不可以順便怎樣怎樣」這種問題。因為每一個領域都是專業，在這裡專業是備受尊重的。

但分工精細也不是沒有缺點，因為部門分工造成許多溝通上的真空層，在好萊塢司空見慣。導演的想法或許只會傳遞給製作人、攝影師、演員，但不一定永遠都會抵達道具組或是食物造型師，畢竟一個劇組動輒三、五百人，不是每個人都可以隨意發一封簡訊或是電郵給導演，用各種小問題來佔用他的時間。很多時候當我接到一個工作，心裡可能有十個問題，但只有五個能獲得解答。為了應付所有可能會發生的狀況，一個食物造型師能夠做的就是「過度準備」。不確定導演或是演員會選哪一個主菜？那就只好多做幾套。不確定今天會需要拍幾個鏡頭？那就只好多準備一點。然而過度準備的結果，有時候會造成不必要的浪費食物，或是不必要的預算超支。

近年讓我印象特別深刻的溝通真空問題，就是在羅馬尼亞拍片時，編劇在腳本裡寫下了這一行字：「餐盤裡放著迷你胡蘿蔔。」

導演對於這個胡蘿蔔並沒有特別的想法，但是藝術指導卻在開會的時候表示：「最好找到小型的胡蘿蔔，並且要連根帶葉。」接著道具組拿給我一個戲裡會使用到的餐盤，我確實地丈量了餐盤的大小，決定胡蘿蔔必須小於七公分才能放進餐盤中。市面上並不存在這麼短小的胡蘿蔔，但藝術指導指定要求，我就必須做到。

當時的對策是去買連根帶葉的胡蘿蔔，留著菜葉的部分，花時間把蘿蔔的身體雕塑成迷你版。我先做了一條試用版小蘿蔔，讓藝術指導、陳設組與道具組都一致同意了，接著才開始大量製作。找蘿蔔的過程可以看〈去羅馬尼亞吃鱉〉這一篇，長話短說，我花了一整個星期，跟五個羅馬尼亞攤販討價還價，總算買到了所需的大量蘿蔔。一顆正常尺寸的蘿蔔需要花十分鐘才能雕刻成迷你版本，我花了六個小時雕塑完成所有戲用份量，腰痠背痛，手指僵硬不堪，結果到了開拍的那一天，我將可愛的迷你蘿蔔放到餐盤裡，導演一看說：「我不喜歡，蘿蔔應該要剁碎比較合理。」所有的努力工作瞬間前功盡棄，還不能生氣，一定要笑臉迎人。最慘的是那些剁碎之後的蘿蔔，因為攝影機的擺動與取景方式，從頭到尾根本都沒有入鏡。

替電影準備的食物道具完全沒有入鏡，並不是運氣不好偶一為之的狀況，說實在還滿常發生的。以前我會有點傷心，最近幾年根本免疫了，畢竟到頭來我確實是想要當一枚小螺絲釘呀！我的薪水並不會因為拍片沒用到就減少，一切都是算時薪的，所以對我來說沒差，但對於那些浪費掉的食物，總覺得一定有人更需要吧？今天若是沒有像好萊塢那樣龐大的金主撐腰，沒有本錢燒掉這些不必要的預算與食物，或許在分工上面就會更加謹慎。在好萊塢拍片並不是什麼精準的黃金算式，任何一個拍片現場都一定會有雞飛狗跳的時刻，像一架巨型戰車，唯一能夠讓一切順利運轉的，是一群把自己的工作看得比誰都重要的人，儘管有時我覺得許多人把好萊塢看得太重要了。

任何一個健全的工業都應該有工會的存在，好萊塢也不例外。根據職位，每個部門都有各自的工會，保障劇組人員的薪資，提供勞健保與退休金等社會福利，改善不友善或是不安全的工作環境。工會同時也是劇組人員的求職經紀人，所有符合工會編制的好萊塢電影、電視以及廣告工作，都會公布在工會的共享平台，提供會員應徵工作需要的資訊。

許多人不知道的是，加入工會其實十分困難。入會的資格有點像一場究竟是先有雞還是先有蛋的辯論大會，基本門檻是要求「非會員」必須在一個「工會編制」下的劇組，提供至少「滿三十個工作天」的薪資證明單。但問題出現了，你若不屬於任何工會的成員，一個工會編制的劇組又怎麼會願意僱用你呢？許多人加入工會的方式，都是靠某種「鑽漏洞」的運氣。

符合工會編制的案子，製作費必須超過低標（約莫兩到三百萬美金），劇組人員也必須全數屬於工會成員（實習助理不算）。某些獨立電影可能一開始資金短缺，並未達到工會編制的標準，這個時候他們可以先招聘人才，僱用一群非工會的員工，隨著籌募開拍，資金越來越充足，達標之後，這些獨立電影會在開拍前夕申請「升級」。升級之後的獨立電影瞬間變成了一部工會編制的電影，而這些先前早已簽約僱用的非工會員工就可以搭順風車，在一部工會編制的電影下以非工會人員的身分工作，等到滿三十天，就可以拿著薪水單去申請正式進入工會的程序。這是大部分的人進入工會的方式，雖然是一個百分之百可行的計畫，但一部「中途升級」的電影可遇不可求，有些人出道第一年就遇上了，我則是等了六年。

每一個工會的入會費都不一樣，我所加入的四十四號工會，是專門給道具、陳設、工程組等偏向「手做」性質的電影部門。我加入的時候是二〇一九年，當時的入會費是將近七千美金，也就是台幣二十萬，相當高價。我還記得繳錢時真的有心裡淌血的感受。然而加入工會之後，除了心裡有股踏實的認同感之外，很長一段時間我都看不到優點究竟在哪。

確實，我的時薪是有保障的，超時工作會加倍補助，但儘管以前身為非工會會員，也很少發生客戶卡油佔我便宜的情況。再來則是經紀人這部分，自從加入工會以來，並沒有接到更多的案子，大部分的拍片工作依然是靠老客戶的口耳相傳，與工會似乎沒什麼關係。健康保險更是不值得，雖然工會提供非常完善的健康保險，但前提是我必須在加入的半年內累積六百小時的工作時數，才能開通保險。食物造型師做一場食物戲，通常差不多一、兩天的工作時間，六百小時或許對朝九晚五的道具組來說容易達標，對我來說卻是十分強人所難。

就這樣，對工會懷有淡淡的怨念已經將近一年，忽然新冠肺炎席捲美國，加州宣布所有三人以上的集會全數取消，並且實施就地避難

（shelter in place）的命令，除非必要狀況，不然每個人都應該待在家中，保持距離。電影當然是拍不成了，好萊塢無論大小製作全面停工，毫無例外。

某天在家耍廢的早晨，收到一封工會寄來的郵件，內容大概是這樣：「親愛的工會弟兄姊妹，希望各位安好。本工會代表最近不遺餘力地遊說演說，終於替各位成功爭取到額外的失業救濟金補助，現在每週除了您自己向政府申請的救濟金之外，工會再幫您加碼六百美金，最高可以領取四個月。」

我立刻從床上跳起來！一週六百 × 四週 × 四個月＝九千六百塊美金＝台幣二十八萬！啊娘喂！買股票都沒有這麼容易回本啦，感謝工會！拜謝工會！

封城作者

一個人在事業上總會遇到需要抉擇的時刻，我一直覺得重點其實不是怎麼選擇，而是選了就不要後悔。十年前，在決定要前往好萊塢發展之前，有一個很短暫的人生交叉路口，向左轉是拍電影，向右轉是移居斐濟。

斐濟？當時我在知名旅遊節目《瘋台灣》的團隊做執行製作，負責企畫、拉贊助、尋找受訪者、安排食宿交通等事宜，經過老闆同意之後，我就負責把整集內容按表操課執行出來。其中一集的瘋台灣，我們瘋去了斐濟。那趟旅程長達兩週半，包含老闆白叔與主持人 Janet，我們七人小組踏遍這個由三百三十個小島嶼組成的南太平洋國度，每天清晨都在藍天白沙環繞的度假小屋醒來，搭著小船出海潛水、捕魚、爬山，學做當地原住民的傳統料理，與居民一起唱歌飲酒。那趟旅程贊助拉得很有力，我們所到之處都獲得貴賓般的待遇。拍攝結束之後，我的身體雖然已經回到台北，心卻依然留在那塊與世無爭的天堂國度，念念不忘那樣簡單純樸的生活方式。

斐濟辦事處的處長跟我鼓吹移民，說這個國家十分歡迎外國人，任何人都可以輕易申請到工作簽證。上網搜尋了一些可行的工作，覺得婚禮攝影十分有前景，因為斐濟是個結婚蜜月的度假勝地，這份工作又符合我的影視背景。也有想過開個飲料店，因為在斐濟旅遊的時候發現，除了汽水之外，斐濟全國都沒有冷飲這種概念。總之當時的想法是，去了再說，於是回台北沒過幾週，我就跟白叔提離職了。

白叔問我為什麼要離職？我說：「我本來以為我想要做食物造型師，但去了斐濟之後，我決定單純快樂的生活才是我想要的。所以不管最後是選哪一個，似乎都不是在這裡繼續上班。」其實我已經忘記白叔給我的回覆了，但可以想見他老兄當時應該很想翻白眼吧。我那時只是一個二十五歲的小毛頭，竟然義正嚴詞發表著自己夢想過退休般的生活，苦都還沒吃就想要收成，現在講起來自己都覺得有些不好意思。總而言之，離職之後才短短幾個星期，李安的《少年 Pi 的奇幻漂流》劇組就找上門，剛好打醒我莫忘初衷的電影夢。二十幾歲，去好萊塢追夢，比去斐濟養老來得有邏輯多了。於是我搬到洛杉磯朝好萊塢前進，斐濟這場夢，就這樣放下了。

為什麼會提到這件事？因為新冠肺炎，洛杉磯已經封城四個多月（並且持續進行中），這段時間讓我想起了斐濟，一種單純、與世無爭的生活模式。

一位「專業」的自由工作者勢必需要狡兔三窟，因為工時不定，各種賺錢途徑是我們重要的生存法則。我自認十分幸運，許多工作雖然因為疫情取消了，但還有其他可靠的經濟來源，讓我不至於吃土。大部分時間我可以很奢侈地待在家，不跟任何人交談，身為廚師，每天照料自己的三餐，甚至比多數人都吃得講究。空下來的大把時間全拿來研究書櫃上的食譜和網路上的飲食趨勢，一整天可以連看好幾小時的 YouTube 教學影片，手癢了就進廚房試煉。許多米其林等級的名廚也開始提供線上課程，我立刻報名當成二度進修，沒有工作不代表廚藝不能進步！然而這些奢侈的時間最值得的，其實是用來寫你正在讀的這本書。

這本書的架構從六年前就開始構思：一個沒有背景的外來者，用食物打進好萊塢金字塔頂端，記錄下所有動人、駭人、難得一見的故事。許多篇章固然需要花時間滲透敵軍蒐集，但因為忙碌，手稿長年躺在手機的備忘錄裡。封城的六個星期，我所創作的文字遠遠超越過去的六年。病毒影響了很多人，但對我來說卻是福大於禍。有時候一整天書寫、做菜、上課，甚至希望這個病毒結束了，我依然可以維持現狀不要改變。我想這大概是留在斐濟的退休老人魂在作祟吧，又或者我真的是一個渴望與世無爭的人呢？

我遊走在餐飲業、自由業與好萊塢電影工業三個領域，雞蛋分別放在三個籃子。自由業的工作多半是靠食品公司拍宣傳照、宣傳影片等，這個部分因為病毒全數停擺，沒有工作就沒有收入，也沒有任何福利保障。至於拍電影，因為所有的劇組都屬於大型集會，依法規定也是全數暫停，但劇組人員因為有工會保障，不但提供了健康保險，也可以在這段時間向政府申請失業救濟金；我的房租就是期待能夠仰仗這筆收入。最後是我的私人廚師客戶們，封城之後，以往的熟客紛紛向我提出幫他們外送食物的請求，所以這部分的收入不減反增。就這樣，我一個星期工作一天，把家裡當成中央廚房大量製作，消毒包裝食物之後再分送到各家客戶門口，剩餘的六天全是自己的。如果注意開銷省吃儉用，我預計可以持續週休六日直到天荒地老。

封城之後，人與人的交集變得非常奇妙，所有的接觸都只能經由網路或者電話溝通進行。早已習慣獨居的我，在這部分並不需要調適，反倒是我的客戶們，每家人對於新防疫時代的適應能力不大相同。有的客戶只敢把後門密碼給我，讓我把食物放在窗邊，打個暗號之後他們再出來拿取，拿完食物還會從頭到腳都消毒一遍才覺得安心。有些客戶並不知道現在物資缺乏的人間疾苦，在每週一次的模擬菜單會議中，依然會傳訊息來說：「是否可以買到XX牌的冰淇淋？」或「可以幫我買有機核桃嗎？」最扯的一個客戶傳了訊息說：「我只剩兩捲衛生紙了，能夠買到有機再生紙製造的環保衛生紙嗎？」靠夭都什麼時候了還在乎拿來抹屎的材質！

說到衛生紙，這些金字塔頂端的有錢人似乎都沒什麼前車之鑑，每個人都在哀嚎買不到衛生紙，於是某天我特地起了個大早去超市排隊，一方面採買做菜需要的食材，而且早上的超市衛生紙偶爾還有囤貨。果然那天被我搶到最後兩包衛生紙，想當然並無「有機再生材質」的選擇。買了一包材質比較柔軟，另一包材質比較粗糙的衛生紙，我暗中盤算究竟哪個客戶我比較喜歡，要給哪個客戶較為粗製濫造的品牌呢？一瞬間覺得自己很像是防疫耶穌，決定誰要上天堂，誰又得入地獄這樣。最後我的決定是，瞎問有機再生紙的那位客戶獲得磨砂衛生紙一包，靠北買有機核桃的客戶則獲得了柔軟衛生紙大獎。

所有的客戶裡面最值得嘉獎的是亞伯拉罕一家人，除了每週防疫菜單配合度百分百之外，自家的雜貨通通自己打理。每週送菜時，他們總是張開雙臂迎接我的到來。其他客戶是從頭到腳噴酒精消毒，J.J. 則是從我車停在走道就開始道謝，謝到本人都覺得尷尬極了。J.J. 老婆更是天使一枚，不但幫我從車上搬東西，還主動幫我開門，完全不把我當成病原體對待。她說：「我不知道其他人是怎麼想的啦，但沒道理我們吃妳做的東西卻不敢跟妳共處一室吧？我相信妳身體不舒服的話不會冒險做菜的。」J.J. 的大兒子這陣子似乎關在家裡悶壞了，某天送餐的時候，疑似太久沒與真人對話，五年來沒說過幾句話的我們倆竟然在廚房大聊二十分鐘！講的內容不外乎是雞毛蒜皮，不值一提的生活瑣事，我要離開的時候，甚至覺得大兒子有依依不捨的傷感。這個大概就是人稱的 cabin fever（幽居病）[4] 吧 。每個星期往亞伯拉罕家走一趟，獨居老人心情立刻明朗許多！

封城這段日子，每天的心情都在轉變。一開始我承認自己有點幸災樂禍，身為驕傲的台灣人，早在二月初就開始做防疫準備，買了口罩、抗菌洗手乳、酒精噴霧，囤糧，還上網訂購營業等級的衛生紙。當時沒有美國人在做這件事，只有亞洲人把病毒當一回事。我在做這些防疫準備時，雀躍得像是在準備遠足的行囊一樣，純粹當成未雨綢繆，但心底其實並不覺得這雨真的會飄下來。

當美國疾病管制預防中心及數家主流媒體，在二月各自發表一系列不負責任的防疫知識，內容大意是說「飛沫並非空氣傳染，戴口罩沒有太大幫助」、「口罩不正確使用，比不戴更容易得病」，又「口罩是生病的人才應該戴，健康的人不需要買」，徹底用愚蠢潑了亞洲人一桶冷水。有段時間，如果你是亞洲面孔，戴著口罩，不管走到哪，四周的空氣就因你而凝結。

美國人就是這樣自大，全世界都在經歷的災難，他們當人家都是第三世界事不關己；全世界都在戴口罩，他們偏要自以為聰明詭辯背後的邏輯。二月初這樣報導，三月封城，一直到四月了，政府才終於實施公共場合強制配戴口罩的政令。口罩當然早就買不到了，但重點是，之前還買得到的時候，政府公開發文叫你不要戴？難怪美國在短短一個月的時間，疫情竄升全球第一。

終於在第一個本土死亡案例出現之後，美國人才大夢初醒般開始瘋狂囤糧。超市架上連續淨空了兩個星期，超市門口總是大排長龍，因為社交距離，商店一次只能讓少數人進場消費。戴口罩的人開始漸漸增多，並沒有很多人擁有醫療等級的口罩，多半都是布製或是用個頭巾綁在臉上。

我居住的城市幾乎一夜之間風雲變色，每天的新聞都是爆增的確診人數，上個月一天一萬人確診，這個星期是一天三萬。每天看新聞，確實會感到害怕，但與其說在跟病毒作戰，更像是場心理戰，早上一個鼻塞或是吃完飯清個喉嚨就擔心自己是不是得病了，每一天都要抑制這種莫名的恐懼。最讓人恐懼的其實不是病毒，而是在「美國」感染病毒。美國的醫療體系極度不健全，一旦生病了，就要有傾家蕩產的心理準備。雖然這個國家提供了我許多一輩子都無法想像的工作機會，但我心裡知道，這裡畢竟不是一個可以讓人終老一生的地方。

我要去哪裡終老一生呢？我覺得各位應該已經猜想得到，二十五歲的我也許不適合斐濟，但五十歲的我也未必適合好萊塢。

註 4 Cabin fever，幽居病，又稱艙熱症，由於常時間待在封閉空間，感覺被孤立所引起的焦慮症狀。

後記 五星級廚餘

EPILOGUE

廚餘，又名「噴」，通稱那些被人丟棄的食物。在這本書的最後一個故事，有個提案想和大家分享。

我時常被問到：「工作剩下的食物妳都怎麼處裡？」我每次都回答得相當心虛，因為有時候這些拍片現場看起來漂亮的食物其實並不能吃。食物造型師為了要讓食物上相，添加了各種不能食用的祕密，就連沒被「動過手腳」的食品，很多時候礙於冷藏設備有限，新鮮食物無奈必須放在室溫下一整天。就飲食安全來說，任何需冷藏的食物只要在常溫下超過四個小時，細菌滋長的數量就足以讓人生病。所以基於衛生理由，拍完一整天的戲之後，這些食物當然也不能再利用了，就算今天剩一卡車鮮嫩多汁的丁骨牛排，我依然得忍痛全丟進垃圾桶。很多人聽完我的回答倒抽一口氣，寧願當初別問。

但某些情況下，工作地點可以提供完善的冷藏設備（像是餐廳），或是演員當下決定完全不吃戲用食物，當天下班就有吃有拿又有玩，甚至還要想辦法送人。工作獲得的廚餘有時候多到可以餵飽整棟樓的鄰居，每當這些營業等級的廚餘塞爆我冰箱，我就會烙人來家裡開一場「吃噴趴」，熱心的友人們總是樂意提供人體噴桶的服務。

「那為什麼要買這麼多？丟棄的食物好可惜，非洲……」

這些浪費掉的食物，有時候是因為電影產業層層分工下來，每個部門能夠得到的訊息十分片面，又有更多時候儘管經過有效的溝通，浪費還是在所難免。試著想像一下，如果今天湯姆・克魯斯與珍妮佛・羅倫斯聯手主演一部新片，湯姆是一個偷情的丈夫，珍妮佛則是阿湯哥的小情婦，故事裡面有一場吵架戲，吵架的內容不外乎是阿湯哥明明說會跟妻子離婚卻遲遲沒有動作，阿珍氣不過，跟阿湯哥相約在加油站旁一間低調的速食店碰面，打算下最後通牒。阿珍臭屎臉，點了滿桌菜，阿湯哥卻因為坐立難安，只叫了一杯咖啡。話不投機三句多，阿珍問阿湯哥：「離婚協議書簽了嗎？」阿湯哥：「寶貝 ，聽我說，再給我一點時間就⋯⋯」不等阿湯說完，阿珍立刻翻桌，餐廳食客驚叫，服務生錯愕。阿珍甩門離開。

以上文字以拍電影的行話來說叫做「分場大綱」，通常這種節錄部分劇本的大綱，是食物造型師最常收到的訊息。收到了這份分場大綱之後，造型師接著開始寫工作計畫：首先，我已經知道這場戲的食物並不高級，一間加油站旁的速食店，通常供應的是美式漢堡、三明治、薯條、奶昔等等。然後我也可以從大綱裡面得知，阿湯哥並不會在鏡頭前用餐，頂多喝口咖啡而已，但阿珍究竟會怎麼演這場戲？這份訊息無從得知。接著我需要知道的是，餐廳有多少座位？他們碰面是用餐的高峰期呢，還是下午三點冷清小貓兩隻？換個方式問：當天會有幾名臨時演員？有沒有服務生？這間餐廳有沒有開放式廚房？看不看得到廚師在背景做菜？再來回到難預料的阿珍，阿珍究竟會點幾樣菜？她會不會吃這些菜？這個問題能幫助我決定當天的食物需不需要加熱？需不需調查演員的飲食偏好與過敏清單？接著就是翻桌，老天，她要翻桌，那她會需要翻幾次桌？每一場戲根據不同導演與演員的風格，拍攝鏡頭次數從五到五十次不等，這部片給食物的預算究竟能夠支付重拍五個鏡頭還是五十個呢？就算取一個中間值，我得準備二十五桌一模一樣的菜，才能給阿珍翻個痛快、翻個過癮。

很好，當所有的問題都得到解答（有時候並沒有這麼幸運，必須靠經驗自行決定），花了一天一夜，總算把兩個主角以及跑龍套演員們的食物都準備好了，結果上工不到兩小時，阿湯跟阿珍超專業，五個鏡頭就搞定！滿地的漢堡薯條，你說要丟還是要留？就算扔掉了，我依然還有二十個完美的漢堡、三明治、薯條，可以原封不動直接帶回家，所以猜猜這星期的晚餐是什麼？漢堡肉可以煮成義大利肉醬、中式炸醬、墨西哥塔可，薯條可以做成薯餅，剁碎了打幾顆蛋下去，放點起司，就成了無派皮的早餐鹹派。天空無限大，創意看個人！

為了盡量不浪費食物，工作忙的時候，我幾乎沒花過一毛錢外食。這些廚餘可不是普通的噴，全都是五星級阿湯與阿珍的噴！但我一個人真有辦法消耗掉二十個漢堡嗎？可以做多少鹹派和薯餅？有時就算送人、自用、開趴之後，依然有些食物最後必須丟棄，多麼可惜。

TOW-AWAY
NO STOPPING
ANY TIME

03

遊民問題是美國主要都市最大的負擔，以洛杉磯為例，洛杉磯市區預估有將近四萬人流離失所，若再擴大到市區周圍，有高達六萬人無家可歸。對數字沒有概念的人，我可以直接用畫面描述：在台灣，你可能去人多的地方，例如台北車站或是西門町，偶爾才會在天橋或是路上撞見一、兩個流浪漢，在洛杉磯則是不管走到哪裡「每天」都可以見到至少一打，若是去繁華的觀光勝地肯定加倍。洛杉磯市中心有一小區叫做 Skid Row，基本上就是貧民窟，因為附近設立了臨時庇護所與義工廚房等機構，成千上百的流浪漢都在這個小小社區搭建以紙箱、帳篷做成的房子，放眼望去不誇張，活像世界末日來臨橫屍遍野的活死人集散地。這個著名的市中心貧民窟，甚至吸引了許多外來遊客特地開車經過一探究竟。

這些遊民們每天靠著撿破爛以及上街乞討賺取微薄的生活費，我之前唸的廚藝學校因為距離貧民窟非常近，有時下課剩餘的麵包與蛋糕，行經 Skid Row 的路上我會嘗試分送給一些遊民。但完全超乎我想像之外，遊民通常看了我手上的麵包，大多嗤之以鼻默默走開。一開始我完全不理解為什麼，後來有人跟我解釋，這些遊民不在乎麵包，他們想要的是金錢，因為金錢可以讓他們買到毒品。我恍然大悟，洛杉磯的房價固然不便宜，但若單純因為付不出房租而流落街頭，任何人都可以多兼幾份差，或搬去較平價的郊區生活，問題不就迎刃而解了？

但這些人寧願住在街上，背後的故事肯定是超越「缺錢」這麼單純的原因。沒有人會自願選擇無家可歸的生活，應該說，沒有任何「正常人」會願意這樣生活。這些精神狀況不穩定的個體無法順利進入社會，找一份穩定的工作，處處格格不入的結果，只好借助酒精與毒品，兩者都是極度容易上癮的短暫解脫。在這惡性循環下，無論自己有多麼想要重整人生，終究只是遙不可及的夢想。

美國無論在藥物管制上的開放，以及整體社會對於毒品的接受程度，遠遠超過我所去過的任何國家。在美國生長的人，普遍能接受「娛樂型用藥」這個概念，除了早就合法化的大麻之外，聽演唱會時吃幾顆搖頭丸，在夜店廁所吸一口白粉，只要不妨礙日常生活與工作，許多人把這些行為視為年少輕狂的一部分。當精神疾病與違禁品混入同一個屋簷之下，得到的就是只有在電影、電視上才看得見的社會現象，而生活在美國之後才赫然驚覺，喔不，那是許多人的現實人生。

我這些年來一直在默默替這些五星級廚餘尋找解決方案，想要聯手各路食物造型師的工作室，打造一個開放式的空間，有專業的食物攝影棚和商業廚房，有工作台、冷藏設備、儲藏室等，平常除了開放給食物造型師們做為工作備料的場地，也可以開班授課，滿足任何美食攝影與食物造型的需求。但最最最重要的是，每個星期我會負責主辦一場「清冰箱」的慈善建教課程，把每週拍完片剩下的食材，配合當地慈善機構，教導有酒精或藥物成癮的社會邊緣人如何做菜。如果他們希望重回職場，學會實用的一技之長絕對大有幫助。一個人專心做菜的時候是很平靜的，享受自己動手做的成果更能夠增加自信，調劑身心。最後我們一起把完成的食物裝成飯盒，分送到各個遊民收容中心，一份廚餘多人受惠！

這個計畫的美麗之處，在於我其實不需要做太多額外的工作，因為只要我一直有工作，這些五星級廚餘永遠都取之不盡，用之不完。如果一個星期僅僅需要花一天的時間和勞力，就能替各種社會問題盡份心力，何樂不為？

如果說站在金字塔頂端的是極度「富有」的人口，那能把自己的熱忱變成事業與專長，絕對是極度「快樂」的人口。很可惜，這兩者可能都只佔了世上的百分之一。我一直相信自己是十分幸運，站在快樂金字塔那一端的人，如何可以分享那份幸運給更多的人，對我來說永遠是一個終極目標！所以你如果購買了這本書，謝謝你！你正在替浪費的食物資源盡一份心力，甚至，超越食物，有一天能夠幫助遊民，以及需要重入職場的酒精與藥物成癮的迷途羔羊。

如果你超級認同這個計畫並且願意資助這個工作室的未來，你可以繼續推薦這本書給身邊的朋友，這對我無論是在未來空間的場租，或是各種廚房設備的開銷都有莫大幫助。

講到這裡，我必須回到我的作者序，再次提奧斯卡頒獎典禮轉播這件事。常常看到上台領獎的電影從業人員說：「若是可以把這座小金人掰成一千份，我想要分給所有參與製作的工作人員。」

五星級廚餘——我希望有天也可以有一千人、一千萬人一起享用。

Light 001

五星級廚餘

作　　者　Anna Lee（李宛蓉）
攝　　影　Ed Rudolph、Coya Chang
文字協力　魏嘉華
文字校對　林　芝
執行編輯　吳愉萱
裝幀設計　犬良品牌設計
行銷企劃　杜佳玲、杜佳蕙
執行企劃　呂嘉羽
總 編 輯　賀郁文
出版發行　重版文化整合事業股份有限公司
臉書專頁　www.facebook.com/readdpublishing
連絡信箱　service@readdpublishing.com
總 經 銷　聯合發行股份有限公司
地　　址　新北市新店區寶橋路 235 巷 6 弄 6 號 2 樓
電　　話　(02)2917-8022
傳　　真　(02)2915-6275
法律顧問　李柏洋律師
印　　製　凱林彩印股份有限公司
裝　　訂　智盛裝訂股份有限公司
一 版 5 刷　2021 年 10月
定　　價　新台幣 630 元

國家圖書館出版品預行編目（CIP）資料

五星級廚餘 / 李宛蓉作 . -- 一版 . -- 臺北市 : 重版文化整合事業 , 2020.10
面；　公分 . -- (Light ; 1)
ISBN 978-986-98793-2-3(平裝)

1. 飲食 2. 文集

427.07　　109014479